编程启蒙

从Python走进编程世界

李　晋◎著

中国商务出版社
·北京·

图书在版编目（CIP）数据

编程启蒙：从 Python 走进编程世界 / 李晋著 . —
北京：中国商务出版社，2023.7

ISBN 978-7-5103-4726-9

Ⅰ . ①编… Ⅱ . ①李… Ⅲ . ①软件工具 – 程序设计 –
青少年读物 Ⅳ . ① TP311.561-49

中国国家版本馆 CIP 数据核字（2023）第 094860 号

编程启蒙：从 Python 走进编程世界
BIANCHENG QIMENG：CONG Python ZOUJIN BIANCHENG SHIJIE

李晋　著

出　　　版：中国商务出版社		
地　　　址：北京市东城区安外东后巷 28 号	邮　编：100710	
责任部门：发展事业部（010-64218072）		
责任编辑：孟宪鑫		
直销客服：010-64218072		
总 发 行：中国商务出版社发行部（010-64208388　64515150）		
网购零售：中国商务出版社淘宝店（010-64286917）		
网　　　址：http://www.cctpress.com		
网　　　店：https://shop595663922.taobao.com		
邮　　　箱：295402859@qq.com		
排　　　版：北京亚吉飞数码科技有限公司		
印　　　刷：北京亚吉飞数码科技有限公司		
开　　　本：710 毫米 × 1000 毫米　1/16		
印　　　张：14	字　数：160 千字	
版　　　次：2023 年 7 月第 1 版	印　次：2023 年 7 月第 1 次印刷	
书　　　号：ISBN 978-7-5103-4726-9		
定　　　价：56.00 元		

凡所购本版图书如有印装质量问题，请与本社印制部联系（电话：010-64248236）

前 言 PREFACE

人工智能时代，编程技术成为时代的弄潮儿，编程不仅引领科技，更带来一种全新的思维方式。青少年认识和掌握编程技术，有助于综合运用多学科知识，提高逻辑、创新能力，为打造美好未来奠定基础。

Python 作为一种较新的编程语言，入门简单，操作容易，便于青少年理解与操作，是对青少年进行编程启蒙的首选语言。

本书将会带你体验编程之趣，携手 Python 开启编程启蒙与思维创新之旅，为你阐析学习编程的诸多益处，教你搭建 Python 开发环境并创建你的第一个 Python 程序；认识保留字、标识符、数据类型，与 Python 进行交流；了解字符串、列表和元组等有趣的序列；使用流程控制语句，在 Python 中进行判断和选择；巧用函数、导入模块，体验计算、统计、绘画的乐趣；通过指导设计弹弹球游戏和贪吃蛇游戏，带你感受 Python 编程的魅力；认识数据与数据分析，帮你建立数据思维。

全书内容丰富、深入浅出，配有插图助你加深理解，并精心设置了"编程答疑""编程贴士""编程闯关"三个版块，帮你答疑解惑、查漏补缺，轻松掌握 Python 语言。

轻松学编程，增强想象力，提高创造力。阅读本书，将会给你带来轻松、有趣、丰富的 Python 编程体验。

李晋

2022 年 8 月

目　录 CONTENTS

第 1 章

编程初体验 / 001

第 2 章

编程之趣：百变 Python / 017

第 3 章

有趣的序列：字符串、列表和元组 / 041

第 8 章

贪吃蛇游戏 / 173

第 9 章

掌握数据分析，更懂编程逻辑 / 197

第 1 章

编程初体验

编程，即编写程序，人们通过编程，使计算机按照指令一步一步地完成相应的任务。

人工智能时代已经到来，熟悉编程知识、建立编程思维、掌握编程技巧，有助于青少年不断创造创新，跟上时代发展潮流。接下来让我们一起认识和体验编程，搭建 Python 开发环境，携手 Python 开启思维创新之旅！

1.1 了解编程

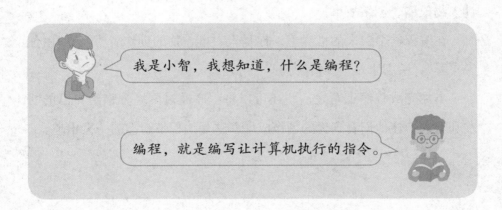

我是小智，我想知道，什么是编程？

编程，就是编写让计算机执行的指令。

编程，即编写程序，也就是编写让计算机执行的指令（也称"代码"），使计算机通过指令完成相应的任务。

编程中有一些常见的指令，翻译成自然语言如下所示。

"先做这个，再做那个。"
"如果这个条件成立（条件为真），执行这个动作；否则，执行那个动作。"
"一直重复此动作，直到条件不成立（条件为假）。"
············

没有接触过编程的人，可能会认为编程是枯燥的，事实并非如此，编程的过程其实是极具创造性的。

就像用乐高积木搭建城堡一样，编程是十分有趣的：你可以先在头脑里设想自己想要搭建的城堡是什么样的，然后利用手上可用的积木按照自己的想法去搭建。

不过，相较于搭建积木之类的创造性活动，编程有着自己明显的优势，那就是在编程时，你所需要的所有材料都在计算机里，你可以随时随地进行程序编写。并且，一旦你学会了编程这项技能，你就会发现，在这个虚拟世界里不仅可以构建"城堡""城市"，而且可以设计人物模型、创编故事。

在编程这个宏大的世界里，你是人、事、物的创作者，"一切由你说了算"，听起来是不是特别棒？

当你完成程序编写之后，还可以将程序通过网络分享给自己的朋友和家人，让他们看到你的创作成果，这是编程带给你的一大乐趣。

1.2　青少年为什么要学习编程

青少年学习编程有什么好处呢？

青少年学习编程好处多多，比如可以提升思维能力。

随着科技的进步，计算机和互联网不断发展并改变着我们的生活。现在，足不出户就可以收快递，订购美食、文具、体育用品和衣物等，只需在智能手机的 App 上进行操作物品即可送至家里。你有没有想过这些 App 是如何完成这些功能的呢？它们都是通过程序来实现的。

不管是智能手机的 App，还是计算机中的各种软件，或者使用浏览器查看的各个网站，都是通过程序来运行的，甚至智能机器人、无人驾驶汽车、无人送货机等也都是通过程序来完成工作的。

智能时代，编程就藏在我们身边！

互联网从出现到兴起仅仅几十年的时间，就已经极大地改变了人们的生活，而社会的发展和人们的需求是永无止境的，相信在不久的未来，无人驾驶、物联网、工业机器人会把人类带入一个更加发达的人工智能时代。而在那个时代，编程技能或许就会像今天的读写能力一样变成每个人必备的基本技能。

只有从事软件开发相关职业的人才需要学习编程吗？只有上大学以后才能学习编程吗？当然不是。微软的创始人比尔·盖茨和Facebook 的创始人马克·艾略特·扎克伯格在初中阶段就开始接触并学习编程，青少年学习编程具有诸多好处。

编程语句严谨，只要有一个标点符号不对，程序就无法正常运行。因此，编程可以培养青少年做事认真、细心、有耐心的品质。

编程知识体系庞大，不仅涉及计算机知识，还需要以数学等基础学科知识为指导，因此，学好编程可以帮助青少年打好学科知识基础，提高综合素质。

程序设计方式千变万化，学习编程能帮助青少年建立创新思维，提高创新能力。

青少年作为未来的主角，从小学习编程，掌握一些编程的基本原理，不仅能跟上时代的发展步伐，还能在未来成为科技创新的先锋。

1.3 为什么选择 Python

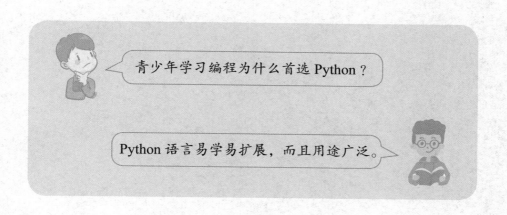

青少年学习编程为什么首选 Python？

Python 语言易学易扩展，而且用途广泛。

　　成熟的编程语言有很多，除了 Python，还有 C/C++、Java、C#、PHP、JavaScript，等等。为什么在众多编程语言中选择 Python 语言学习呢？

　　Python 是由荷兰人吉多·范罗苏姆（Guido van Rossum）于 1991年发明的，它并不是人类开发的第一款高级编程语言，它在保留了其他语言的优点的基础上，提供了高效的数据结构，其编程方式更接近于人类思维，人们能简单有效地面对对象编程，因而 Python 十分易于理解和使用。Python 不像 C 语言那样，需要开发人员理解内存分配机制等硬件知识，使用 Python 时，只需关注程序本身的逻辑即可，因而 Python 十分适合青少年初学者。

除此之外，Python 语言简单、易读、易扩展，它在 Web 编程、图形处理、大数据处理、网络爬虫等领域都有广泛的应用，因此，Python 具有强大的生命力，值得青少年花费时间来学习。

1.4　搭建 Python 开发环境

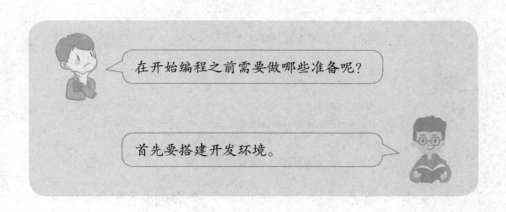

在开始编程之前需要做哪些准备呢？

首先要搭建开发环境。

　　"工欲善其事，必先利其器。"开始编程之前需要先搭建 Python 的开发环境。

　　Python 支持跨平台，可以在 Windows、macOS 和 Linux 等多种操作系统上运行，本书以 Windows 操作系统为例进行说明和演示。

　　Python 的官方网址为 www.python.org，使用浏览器访问官网，点击 Downloads 菜单，在下拉菜单中选择 Windows，根据操作系统的版本类型（32 位或者 64 位），选择相应的版本进行下载。

下载完成后，双击安装文件，勾选"Add Python（版本号）to PATH"，点击"Install Now"开始安装。

安装完成后打开命令行窗口，在命令行窗口输入 python，如果窗口显示版本信息则说明 Python 安装成功，如图 1-1 所示。

```
C:\Users\Administrator>python
Python 3.8.9 (tags/v3.8.9:a743f81, Apr  6 2021, 13:22:56)
    [MSC v.1928 32 bit (In tel)] on win32
Type "help", "copyright", "credits" or "license" for more
    information.
```

图 1-1　Python 安装成功

【编程贴士】

Python 版本的选择

从大的版本上来讲，Python 分为 Python 2 和 Python 3。Python 2 的代码无法在 Python 3 的环境下运行，这是因为 Python 3 不是简单的对 Python 2 的升级，它们之间的差别比较大。Python 2 和 Python 3 的语法差别不大，但是 Python 3 对一些库进行了拆分和整合，另外在字符编码方面表现更优异。青少年学习 Python 可以在 Python 3 中选择适合自己操作系统的版本。

1.5 我的第一个 Python 程序

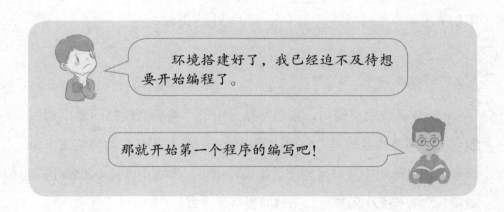

环境搭建好了，我已经迫不及待想要开始编程了。

那就开始第一个程序的编写吧!

1.5.1 跟 Python 打个招呼——输出 "Hello Python !"

编写 Python 程序可以直接在命令行窗口进行，也可以使用 Python
自带的开发工具——IDLE。使用命令行窗口编写程序，运行结束后
程序无法保存，而且在编写程序过程中也不会给予提示，因此，建
议使用 IDLE 编写程序，或者下载第三方 Python 开发工具，例如

PyCharm。

如何找到并打开 Python 自带的 IDLE 呢？点击开始菜单，在搜索框中输入 IDLE 即可找到。

打开 IDLE，光标前为"">>>"，这种模式是 Python 的交互模式，在这种模式下，输入一句代码，点击回车，代码会立即被执行。在交互模式下输入的代码无法保存下来，因此代码无法重复利用。

例 跟 Python 打个招呼，在控制台输出文字"Hello Python！"。

在交互模式下，输入代码"print("Hello Python!")"，点击回车，结果如下所示。

```
>>> print("Hello Python!")
Hello Python!
```

print() 函数用于输出，它会将括号中的字符串直接打印输出到控制台上。需要注意的是，程序中使用的双引号和圆括号均为英文半角符号，如果使用中文符号程序会报编译错误。本书中涉及 Python 语言的符号均为英文半角符号，书写时要格外注意。

至此就完成了我们第一个程序的编写，是不是很简单呢？

○——(编程答疑)——○

IDLE 工具和 PyCharm 有什么区别？

在 1.5.1 中，我们提到了第三方开发工具 PyCharm。既然 Python

已经自带了 IDLE 工具，为什么还要选择第三方开发工具呢？

这是因为，IDLE 工具功能比较单一，而 PyCharm 有很多功能是 IDLE 工具所没有的，如 PyCharm 可以基于 Web 进行开发。如果想要实现复杂的功能，完成大型项目，使用 PyCharm 可能更加方便；如果只是学习 Python，想要完成简单的案例，使用 IDLE 即可。

1.5.2　将程序写入文件并保存

如果一段程序想要多次重复执行就需要将其写入文件并保存。在 IDLE 的菜单栏上，选择" File → New File"，弹出一个新的代码编辑器，在编辑器里可以直接书写程序。程序写完之后，使用快捷键" Ctrl+S"或者在菜单栏上，选择" File → Save"进行保存，保存的 Python 文件的扩展名为".py"。

想要打开之前保存的程序文件，可以在 IDLE 的菜单栏上点击" File → Open…"或者使用快捷键" Ctrl+O"。

1.5.3　运行程序

在命令行窗口、Python 自带的 IDLE 以及第三方开发工具中均可运行 Python 程序，但是使用命令行窗口，程序不易修改和维护，因此，推荐在 IDLE 或者其他第三方开发工具中编写和运行程序。

在 IDLE 中运行程序的过程如下：首先打开要运行的程序，其次在菜单栏上点击"Run → Run Module"或者使用快捷键"F5"，程序即可运行。

1.5.4　为程序添加注释

我们阅读时常常在书中写一些批注，记录自己的理解和感悟，其实写程序也可以添加"批注"，在程序中，这种"批注"叫作注释。添加注释既可以帮助开发者理清思路，也可以帮助他人快速读懂代码。程序执行时，注释内容将被解释器忽略，不予执行。Python 中的注释有以下三种类型（见图 1-2）。

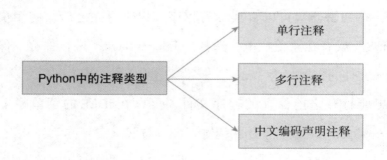

图 1-2　Python 中的注释类型

★ 单行注释

Python 中的单行注释，使用符号"#"开头。其语法格式如下。

```
# 注释内容
```

"#"后面直至本行行末的所有内容均为注释。

单行注释既可写在代码前，单独为一行，也可写在代码后，与代码同处一行，如下所示。

```
# 输出诗句
print("采菊东篱下，悠然见南山。")
print("山气日夕佳，飞鸟相与还。")   # 输出诗句
```

★ 多行注释

多行注释使用三对单引号或三对双引号，将要注释的内容放在引号之间，注释内容可以跨多个行。

单行注释多用于注释单行代码，多行注释多用于注释函数、类或者模块的功能。

★ 中文编码声明注释

这是一种特殊的注释方式，在 Python 2 中不支持直接写中文，会出现乱码，为了解决这个问题，需要统一编码格式，所以出现了该类注释，其语法格式如下。

```
#-*-coding:编码 -*-
或者
#coding=编码
```

在 Python 3 中，该问题已经不存在了，但是加上此注释可以让页面编码更加规范，同时，其他程序员可以更好地了解文件。

看完本章内容，你是不是已经对 Python 产生兴趣了呢？使用 IDLE 工具创建一个 Python 文件，并编写程序打印一首歌或者一首诗吧。记得先保存文件，然后打开该文件并运行程序，查看结果与你想的是否一致。

参考代码如下所示。

```
print(" 山居秋暝 ")
print(" 作者：王维 ")
print(" 空山新雨后，天气晚来秋。")
print(" 明月松间照，清泉石上流。")
print(" 竹喧归浣女，莲动下渔舟。")
print(" 随意春芳歇，王孙自可留。")
```

第 2 章

编程之趣:
百变 Python

print(5*6)

在编程过程中，怎么存储一些需要临时使用的数据呢？这就要用到变量了。Python 中的变量支持各种数据类型，包括数值类型、布尔类型、字符串类型等。此外，Python 还支持多种运算符，可以进行多种运算。接下来，就一起来看看 Python 中的各种数据类型和它们的独特之处。

2.1 保留字与标识符

2.1.1 保留字

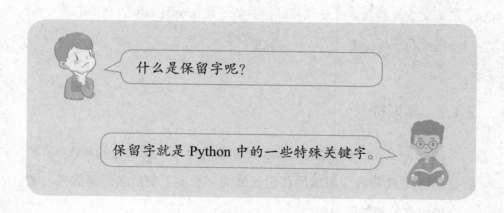

什么是保留字呢?

保留字就是 Python 中的一些特殊关键字。

　　保留字,又称关键字,是 Python 语言中预留的一些有特殊含义的单词。在编写程序时,保留字只能用于表达特殊含义而不能用作变量名、函数名、类名、模块名等。

　　Python 中的保留字如下所示。

```
False      await      else       import     pass
None       break      except     in         raise
True       class      finally    is         return
and        continue   for        lambda     try
as         def        from       nonlocal   while
assert     del        global     not        with
async      elif       if         or         yield
```

【编程贴士】

保留字的大小写

Python 语言是严格区分大小写的，保留字也是如此。因此，False 为保留字，而 false 不是保留字。虽然 false 不是保留字，但在定义变量或函数名等标识符时，仍然不建议使用 false，因为容易导致混淆和误解。

2.1.2　标识符

在 Python 中，标识符就是标识对象的符号，是由字母（A～Z 和 a～z）、下划线和数字组成的任意长度的字符串。变量名、函数名、类名、模块名等都是标识符。

给对象命名时最好符合语言习惯，可以使用对象本身的含义来命名。例如，定义一个变量表示小猫可以使用"cat"命名，定义一个变量表示数量可以使用"number"命名。这样，通过变量名称就可以猜出其含义，更便于阅读。

任意字符串都可以表示标识符吗？不是的，设置标识符需要遵守一定的规则，如图 2-1 所示。

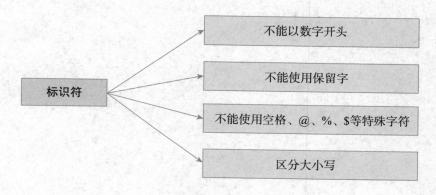

图 2-1　标识符的命名规则

2.2 保存数据的好帮手：变量

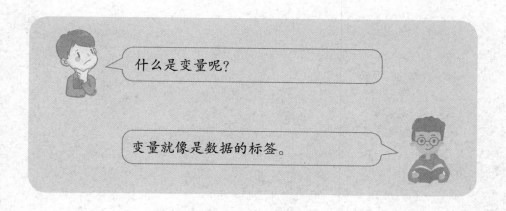

什么是变量呢？

变量就像是数据的标签。

　　每个人都有名字，使用名字来称呼或者代表一个人十分方便。在编程过程中，为了方便表示某些数据，也需要给数据定义一个名字，这个名字就是变量。

　　在 Python 中，不需要先定义变量，直接为变量赋值即可。赋值使用等号"="，如图 2-2 所示。

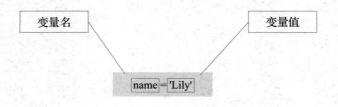

图 2-2　为变量赋值

2.3 基本数据类型

2.3.1 数值类型

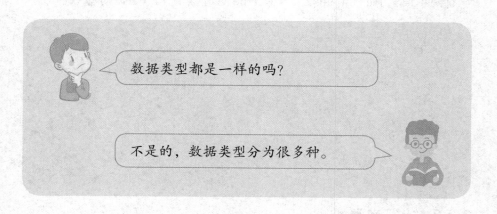

数据类型都是一样的吗?

不是的，数据类型分为很多种。

数值类型是指数字类型。日常生活中表示数字的整数和浮点数（小数）都是数值类型。

计算机中的数值类型与数学中的数字类似，支持各种运算，如加、减、乘、除等。交互模式下，在数值之间添加运算符，点击回车，Python 会直接输出运算结果，如下所示。

```
>>> 12+24
36
>>> 3.5*3
10.5
```

2.3.2 布尔类型

"一头大象有六条腿。"这句话是真的吗？当然不是。

在现实生活中，我们常常需要进行逻辑判断，判断结果一般为真或者假。在 Python 中也能进行相应的逻辑判断，结果为 True 或者 False，分别对应真或者假（见图 2-3）。在 Python 中，布尔型是整型的子类，它有两个值：True 和 False，其中 True 对应数值 1，False 对应数值 0。

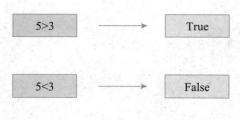

图 2-3　逻辑判断

2.3.3 字符串类型

如果说数值类型对应的是日常生活中的数字，那么字符串类型对应的就是日常生活中的文字和符号。字符串类型也是 Python 中常见的基本数据类型，同时，它也是序列类型中的一种，因此，本书会在第 3 章将其与其他序列类型一起进行详细讲述。

编程答疑

不同数据类型之间如何转换？

在 Python 中，借助一些内置函数可以实现数据类型的转换。

使用 int() 函数可以将其他类型的数据转换为整型，如将字符串 "123" 转换为整型可以这样写：int('123')。

使用 float() 函数可以将其他类型的数据转换为浮点型，如将字符串 "56.8" 转换为浮点型可以这样写：float('56.8')。

使用 str() 函数可以将其他类型的数据转换为字符串，如将数字 12.5 转换为字符串可以这样写：str(12.5)。

使用 bool() 函数可以将其他类型的数据转换为布尔型，如将整数 10 转换为布尔型可以这样写：bool(10)。

2.4 计算小能手：运算符

2.4.1 表达式

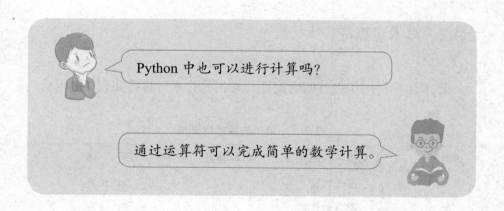

Python 中也可以进行计算吗？

通过运算符可以完成简单的数学计算。

　　Python 中的运算符是一些特殊的符号，它类似于数学中的运算符，主要用于数学计算和逻辑运算。Python 中的运算符主要包括以下几种，如图 2-4 所示。

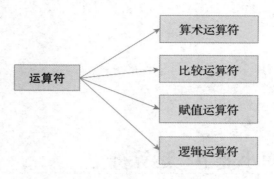

图 2-4　运算符的种类

在 Python 中，使用运算符将一些数据连接起来的式子称为表达式。使用算数运算符的式子为算术表达式，使用逻辑运算符的式子为逻辑表达式。

2.4.2　算术运算符

算术运算符用于进行四则运算，常用的算术运算符如表 2-1 所示。

表 2-1　常用的算术运算符

运算符	描　　述	运算符	描　　述
+	加法运算	−	减法运算
*	乘法运算	/	除法运算
%	取余运算，返回余数	//	整数除法，返回商的整数部分
**	幂运算，返回 x 的 y 次方		

> **例** 计算小智和朋友们的平均身高。

小智的身高是 151 厘米，他 3 个朋友的身高分别为 147 厘米、152 厘米和 151 厘米。小智刚刚学完编程，他想利用程序计算 4 个人的平均身高，于是编写了下面的代码。

```
zhi = 151
friend1 = 147
friend2 = 152
friend3 = 151
average = (zhi + friend1 + friend2 + friend3) / 4
print("小智和朋友们的平均身高为:", average, "厘米。")
```

运行程序，输出结果如下所示。

```
小智和朋友们的平均身高为：150.25 厘米。
```

2.4.3　比较运算符

比较运算符，也称关系运算符，它可以对变量或表达式的结果进行比较，比较结果为 True 或者 False。比较运算符常常用在 if 语句或者 while 语句的条件判断中，Python 中的比较运算符见表 2-2。

表 2-2　比较运算符

运算符	描　述	运算符	描　述
>	大于号	<	小于号
==	等于号	!=	不等于号
>=	大于等于号	<=	小于等于号

在互动模式下，输入使用比较运算符的表达式可以直接输出运算结果，如下所示。

```
>>> 13<35
True
>>> 1==2
False
>>> 1!=2
True
>>> 1<3<5
True
```

【编程贴士】

"=" 与 "=="

在 Python 中，"="为赋值运算符，"=="为比较运算符。想要判断变量或者表达式的值是否相等，须使用双等号"==",而不能使用"=",否则会产生逻辑错误。

2.4.4　赋值运算符

赋值运算符主要用于赋值，除了等号"="，Python 中还有其他赋值运算符，用于实现更多的赋值功能，具体见表 2-3。

表 2–3　赋值运算符

运算符	描　　述	运算符	描　　述
=	赋值运算	+=	加赋值运算
–=	减赋值运算	*=	乘赋值运算
/=	除赋值运算	%=	取余数赋值运算
**=	幂赋值运算	//=	取整除赋值运算

一些赋值运算符是将算术运算符与赋值运算符的功能相结合，如 x += 2 等价于 x = x+2。

2.4.5　逻辑运算符

逻辑运算符的操作数为布尔型，逻辑运算的结果也为布尔型。Python 中有三种逻辑运算符，分别为 and、or 和 not，三者表示的含义分别如下。

and：逻辑与运算符，当两个操作数的值均为 True 时，表达式结果为 True，否则为 False。

or：逻辑或运算符，当两个操作数的值均为 False 时表达式结果为 False，否则为 True。

not：逻辑非运算符，表达式结果与操作数的值正好相反。

使用 and、or 与 not 逻辑运算符运算的结果如图 2-5 所示，图中 T 表示 True，F 表示 False。

在交互模式下，输入使用逻辑运算符的表达式可以直接输出运算结果，如下所示。

```
>>> 5>2 and 5>8
False
>>> 1<=4 or 4<=2
True
```

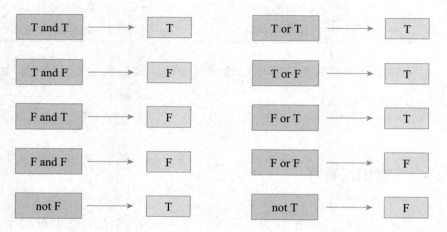

图 2-5　逻辑运算符的运算结果

2.5 与 Python 交流：基本输入和输出

2.5.1 输入函数——input()

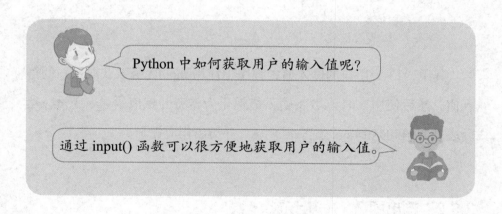

Python 中如何获取用户的输入值呢？

通过 input() 函数可以很方便地获取用户的输入值。

如果想和用户进行交互，则需要获取用户的输入信息。在 Python 中，获取用户的输入需要使用输入函数 input ()，其语法格式如下所示。

```
input([prompt])
```

其中，prompt 为字符串类型，是可选参数，表示提示信息。input()
函数返回一个字符串，内容为用户的输入。

例 > 根据用户输入的年龄判断该用户是否可以玩此款游戏。

一些游戏具有年龄限制，满 18 周岁的成年人才能玩。设计一个程
序，根据用户输入的年龄确定其能否玩此款游戏。具体代码如下所示。

```python
age = int(input("请输入您的年龄: "))
if age<18:
    print("未成年人禁止玩此游戏。")
else:
    print("您可以玩此款游戏。游戏加载中……")
```

运行代码，输出结果如下所示。

```
请输入您的年龄: 13
未成年人禁止玩此游戏。
```

其中，13 为用户的输入值，程序中使用 input() 函数获取用户的输
入值，然后使用 int() 函数将输入值转化为整型并赋值给 age 变量，然
后通过 if 语句判断 age 是否小于 18，并给出相应提示。

2.5.2 输出函数——print()

想必你对 print() 函数已经不陌生了，使用 print() 函数可以打印指
定内容到控制台，这是 print() 函数的默认用法。除此之外，print() 函
数还有多种特殊用法，下面通过举例来说明。

例 输出小智的朋友们的名字。

小智有 3 个好朋友，分别叫"小灵""小明"和"小乐"，请使用
print() 函数输出小智的朋友们的名字。具体代码如下所示。

```
friend1 = "小灵"
friend2 = "小明"
friend3 = "小乐"
print("小智的朋友们: ", friend1, friend2, friend3)
```

运行代码，输出结果如下所示。

```
小智的朋友们: 小灵 小明 小乐
```

可以看出，当向 print() 函数传递多个参数时，各个参数都将被输
出，参数之间以空格分开。如果想要在各个参数之间使用逗号分隔应
该如何操作呢？

例 输出小智的朋友们的名字，各名字以逗号分隔。

具体代码如下所示。

```
friend1 = "小灵"
friend2 = "小明"
friend3 = "小乐"
print("小智的朋友们: ")
print(friend1, friend2, friend3, sep=",")
```

运行代码，输出结果如下所示。

```
小智的朋友们:
小灵,小明,小乐
```

由输出结果可知，通过设置 sep 参数为逗号，改变了输出结果的间隔符（默认间隔符为空格），但是现在仍然有一个问题，由于使用了两个 print() 函数，输出的结果被分成了两行，如何让结果在一行显示呢？请看下例。

例 输出小智的朋友们的名字，各个名字中间以逗号分隔，并使提示文字与朋友们的名字显示在同一行。

具体代码如下所示。

```python
friend1 = "小灵"
friend2 = "小明"
friend3 = "小乐"
print("小智的朋友们：", end="")
print(friend1, friend2, friend3, sep=",")
```

运行代码，输出结果如下所示。

```
小智的朋友们：小灵，小明，小乐
```

由输出结果可知，通过设置 end 参数可以改变输出语句结尾的符号，print() 函数的默认结尾符号为换行符。

编程闯关

日常生活中，我们使用的计算器可以完成各种运算。如何使用程序模拟一个计算器呢？快来尝试一下吧。

提示：这里需要使用 eval() 函数，eval() 函数的参数为字符串类型，字符串内容为一个表达式，eval() 函数将直接执行表达式，并返回表达式的结果。

　　参考代码如下所示。

```
exp = input("请输入算式：")
print("计算结果是：", eval(exp))
```

第 **3** 章

有趣的序列：
字符串、列表和元组

在 Python 中，有多种数据类型，其中有一类数据类型很有趣，它们可以存储一系列的数据，那就是序列类型。

　　Python 中的序列类型十分丰富，字符串、列表、元组、集合和字典都是序列类型。这些序列类型各自有什么特点呢？让我们一起来看看吧。

3.1　多个字符的组合：字符串

3.1.1　认识字符串

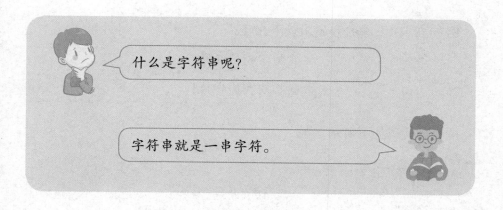

什么是字符串呢？

字符串就是一串字符。

　　字符串，顾名思义，就是一串字符（见图 3-1），即由多个字符组成的一个序列。你所能想到的各种字符，如数字、字母、汉字以及各种标点符号等，统统可以放入字符串中，甚至空格和你看不见的换行符也能放入字符串中。

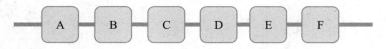

图 3-1　字符串就是一串字符

Python 中的字符串怎么表示呢？一般来说，Python 中的字符串使用单引号、双引号或者三重引号（三重单引号或者三重双引号）括起来，如下所示。

```
str = '我是学霸'
str = "我是学霸"
str = '''我是学霸'''
```

使用单引号或者双引号时，同一个字符串必须写在同一行，如果分两行写则会产生语法错误，但是使用三重引号则可以分多行写字符串。

例 在 IDLE 中打印输出以下内容：

我的学校好美啊！

我喜欢我的学校！

具体代码如下所示。

```
# 使用换行符 "\n" 换行
str = "我的学校好美啊！\n我喜欢我的学校！"
print("使用换行符的输出结果：")
print(str)
# 使用三重引号换行
str = '''我的学校好美啊！
我喜欢我的学校！'''
print("使用三重引号的输出结果：")
print(str)
```

运行以上代码，输出结果如下所示。

```
使用换行符的输出结果：
我的学校好美啊！
我喜欢我的学校！
使用三重引号的输出结果：
我的学校好美啊！
我喜欢我的学校！
```

【编程贴士】

字符串的多种表示方式的优势

在 Python 中，字符串一般使用单引号、双引号或三重引号括起来，不需要使用转义符表示字符。例如，想要在字符串中显示双引号，我们可以使用如下表示方式：str=' 我是 " 学霸 "'。

3.1.2　访问字符串中的字符

字符串是由多个字符组成的序列，在计算机中，一个字符串 "World!" 是以类似下列形式存储的，如图 3-2 所示。

W	o	r	l	d	!
0	1	2	3	4	5

图 3-2　字符串 "World!" 在计算机中的存储形式

如果想要访问字符串的某一个字符，可以使用下标方式，下标即索引，是指图 3-2 中的 0、1、2 等位置。访问子串可以使用切片方式。下标和切片的用法如下所示。

```
str[index]
str[start_index:end_index]
```

需要注意的是，切片的值包含 start_index 的位置，但不包含 end_index 的位置，start_index 和 end_index 都可缺省，缺省值分别为 0 和字符串的长度。

例 输出字符串 "World！" 中的字符 r，并输出其子串 "Wor"。

具体代码如下所示。

```
str = "World!"
# 使用下标方式访问字符 r
print(str[2])
# 使用切片方式访问子串 "Wor"
print(str[0:3])
```

运行程序，输出结果如下所示。

```
r
Wor
```

3.1.3　记忆接龙游戏

社团来了很多新成员，为了让大家更快地熟悉彼此，社团组织大家一起参与记忆接龙游戏。游戏规则是这样的：第一个同学做自我介

绍，第二个同学重复第一个同学的介绍并加上自己的介绍，以此类推
（见图 3-3）。我们使用程序来模拟这个游戏。

在 Python 中，我们使用加号"+"可以将两个字符串拼接在
一起。

图 3-3　社团的记忆接龙游戏

定义变量 str_person 来保存每个同学的自我介绍，并定义变量 str_
sum 来表示所有介绍的汇总，具体代码如下所示。

```
# 使用变量 str_person 表示每个同学的自我介绍
str_person = "小智喜欢打篮球"
# 使用变量 str_sum 表示之前的介绍与自己的介绍的组合
str_sum = str_person
print("小智: ", str_sum)
str_person = "小灵喜欢打羽毛球"
# str_sum 与新介绍拼接并赋值给 str_sum
str_sum = str_sum + ',' + str_person
print("小灵: ", str_sum)
str_person = "小欣喜欢打排球"
# str_sum 与新介绍拼接并赋值给 str_sum
str_sum = str_sum + ',' + str_person
print("小欣: ", str_sum)
```

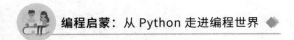

运行程序，输出结果如下所示。

```
小智：小智喜欢打篮球
小灵：小智喜欢打篮球，小灵喜欢打羽毛球
小欣：小智喜欢打篮球，小灵喜欢打羽毛球，小欣喜欢打排球
```

3.1.4　超长分割线

在编辑文档时，有时为了使之后的内容跟之前的内容分割开，我们需要打印一条分割线（见图 3-4）。

图 3-4　分割线

有没有快速打印分割线的方法呢？在 Python 中，可以使用"＊"操作符对字符串进行重复拼接。运行以下代码可打印图 3-4 所示的分割线。

```
print('-'*60)
```

3.1.5　强大的字符串功能

Python 中内置了很多操作字符串的方法，这些方法不仅使操作字符串更加方便快捷，而且能大大减少程序开发所用时间和维护的工作量。字符串常用的方法和说明如表 3-1 所示。

表 3-1　字符串常用的方法

方　　法	描　　述
str.format(args)	将字符串格式化
str.split(sep=None, maxsplit = -1)	使用分隔符"sep"将 str 分割成 maxsplit+1 个子串并返回
str.upper()	将字符串中的字符变为大写并返回
str.lower()	将字符串中的字符变为小写并返回
str.title()	返回 str 的标题副本：每个单词的首字母大写其余小写
str.isdigit()	判断 str 中是否全部为数字，是则返回 True，否则返回 False
str.replace(old,new[,count])	使用 new 子串替换 str 中的 old 子串，替换前 count 个
str.find(sub[,start[,end]])	找到子串 sub 在切片 str[start:end] 中的最小索引并返回，如果未找到则返回 -1
str.startswith(prefix[,start[,end]])	如果 str[start,end] 以 prefix 为前缀，则返回 True，否则返回 False
str.endswith(suffix[,start[,end]])	如果 str[start,end] 以 suffix 为后缀，则返回 True，否则返回 False

例 在某网站中寻找并处理单个敏感词。

　　某网站把"攻防"定义为敏感词，当出现"攻防"时，就将其替换为"**"。具体代码如下所示。

```
str = "我正在学习网络攻防知识。"
# 利用 replace 方法将 "攻防" 替换为 "**"
str = str.replace("攻防", "**")
print("替换敏感词后: ", str)
```

运行程序，输出结果如下所示。

```
替换敏感词后: 我正在学习网络 ** 知识。
```

当网站有多个敏感词时，如何处理呢？如果针对每个敏感词都使用 replace() 方法，那程序最终的执行速度会很慢。

在 Python 中，还有一种特殊的字符串——正则表达式。使用正则表达式能够检验一个字符串是否符合某种规则。正则表达式中有一些特殊的字符，这些特殊的字符用于匹配某一类字符，如特殊字符"\d"用于匹配数字 0 ～ 9。多种特殊字符组合在一起，可以匹配复杂的规则，如使用正则表达式可以验证一个字符串是不是手机号码。

虽然使用正则表达式可以对敏感词直接进行匹配，但是如果需要匹配多个敏感词，则多个敏感词之间需要使用"|"连接。

使用正则表达式需要引入 re 模块，re 模块中包含 sub(pattern, repl, string) 方法，该方法中 pattern 表示正则表达式的模式，repl 表示替换字符串，string 表示原字符串，sub() 方法将使用 repl 字符串替换 string 字符串中与 pattern 匹配的子串。

> 例 使用正则表达式处理多个敏感词，将敏感词替换为"***"。

具体代码如下所示。

```
import re  # 引入 re 模块

# keywords 为元组类型，用于存储敏感词
keywords = ("暴力", "黑客", "攻防")
# pattern 表示正则表达式的模式，模式用于匹配字符串，这里的模式为敏感
# 词的连接，连接符为"|"
pattern = "|".join(keywords)
print("正则表达式的模式为: ", pattern)
# repl 表示替换字符串
repl = "***"
```

```
# string 用于存储正常字符串
string = "黑客懂网络攻防知识，可以将密码暴力破解。"
print("原字符串为：", string)
# newString 为过滤掉敏感词之后的字符串，re.sub() 方法用于将 string 字符串中与
# pattern 匹配的子串替换为 repl 字符串
newString = re.sub(pattern, repl, string)
print("替换敏感词后的字符串为：", newString)
```

运行程序，输出结果如下所示。

```
正则表达式的模式为：暴力 | 黑客 | 攻防
原字符串为：黑客懂网络攻防知识，可以将密码暴力破解。
替换敏感词后的字符串为：*** 懂网络 *** 知识，可以将密码 *** 破解。
```

3.2 多元素的组合：列表

3.2.1 课程列表

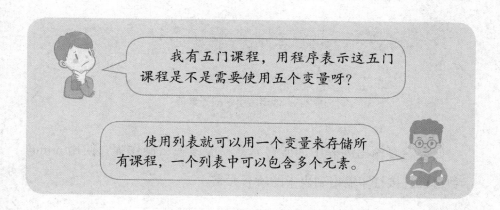

我有五门课程，用程序表示这五门课程是不是需要使用五个变量呀？

使用列表就可以用一个变量来存储所有课程，一个列表中可以包含多个元素。

　　小智有五门课程，分别是语文、数学、英语、历史和生物。如果想要存储这五门课程，就需要使用五个变量，能不能使用一个变量来保存所有的数据呢？这就要用到列表了。

　　列表用于存储一系列的数据，列表中可以包含多个元素，每个元素可以是不同的数据类型。

列表中的数据使用一对中括号括起来，每两个元素之间使用逗号"，"分隔。列表的创建方式如下所示。

```
listName = [element1,element2,…,elementn]
```

具体代码如下所示。

```
classes = ["语文","数学","英语","历史","生物"]
```

3.2.2　输出课程列表

列表中的元素是有序的，可以通过索引的方式来访问列表元素（见图 3-5）。例如，想要访问课程中的第二项，可以使用 classes[1] 来访问。

"语文"	"数学"	"英语"	"历史"	"生物"
0	1	2	3	4

图 3-5　使用索引访问元素值

如果想要输出列表中的所有元素，应该怎么操作呢？使用 print() 函数可以直接打印输出列表中的所有元素。

例〉输出小智的课程列表。

具体代码如下所示。

```
>>> print(classes)
['语文', '数学', '英语', '历史', '生物']
```

如果想用其他自定义的方式来展示列表，可以使用 for 循环对列表进行迭代。

例 输出小智的课程列表，课程之间使用空格分隔。

具体代码如下所示。

```
# 使用 classes 存储小智的课程
classes = ["语文", "数学", "英语", "历史", "生物"]
# print 函数中，使用 end 变量定义结束符
print("小智的课程有: ", end='')
for item in classes:
    # 循环迭代列表中的元素，对其进行输出，并且以空格分隔
    print(item, end=' ')
```

运行程序，输出结果如下所示。

小智的课程有：语文 数学 英语 历史 生物

这里只需了解使用 for 循环可以对列表进行迭代即可，后续还会详细讲解 for 循环的用法。

【编程贴士】

列表也支持切片访问

像字符串一样，列表也可以使用切片的方式得到子列表，使用方式为：list[start_index:end_index]。其中，start_index 与 end_index 也可以使用缺省值，缺省值分别为 0 和列表长度。

3.2.3　列表支持的运算符 "+" "*"

小智的课程列表只罗列了学校的学科课程，除此之外，小智还在校外参加了素质拓展课程，如钢琴、合唱、游泳课等。

现在想要把所有课程统计在一起，看看小智一共有多少课程，如何实现呢？我们可以使用加号运算符 "+"。与字符串类似，列表也可以使用 "+" 和 "*" 运算符，"+" 运算符用于拼接两个列表，而 "*" 运算符作用于列表和数字 n，返回一个包含 n 个列表元素的新列表。

例　统计小智的学科课程和素质拓展课程。

具体代码如下所示。

```
# 使用 classes 存储小智的学科课程
classes = ["语文", "数学", "英语", "历史", "生物"]
# 使用 interests 存储小智的素质拓展课程
interests = ["钢琴", "合唱", "游泳"]
# 使用 "+" 将学科课程和素质拓展课程连接起来，并赋值给 classes。
classes = classes + interests
print("小智所有的课程: ", classes)
```

运行程序，输出结果如下所示。

```
小智所有的课程: ['语文', '数学', '英语', '历史', '生物', '钢
    琴', '合唱', '游泳']
```

例　创建具有 10 个元素的列表，每个元素的值为 0。

具体代码如下所示。

```
num_list = [0] * 10
print(num_list)
```

运行程序，输出结果如下所示。

```
[0, 0, 0, 0, 0, 0, 0, 0, 0, 0]
```

3.2.4　列表的更新

列表的更新主要包含以下三种操作（见图 3-6）。

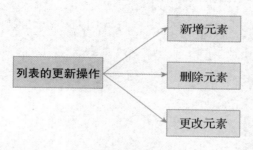

图 3-6　列表的更新操作

★ 新增元素

列表包含 append() 方法，调用该方法将在列表末尾添加新元素，该方法的用法如下。

```
list.append(obj)
```

其中，obj 表示列表 list 要添加的元素。

> 例 > 在小智的课程列表中新增"编程"课。

小智最近对编程很感兴趣，因此上了编程课，请使用程序使小智的课程列表中新增编程课。具体代码如下所示。

```
# 使用 classes 存储小智的学科课程
classes = ["语文", "数学", "英语", "历史", "生物"]
print("小智以前的课程: ", classes)
# 使用 append() 方法添加编程课
classes.append("编程")
print("增加编程课后小智的课程: ",classes)
```

运行程序，输出结果如下所示。

```
小智以前的课程: ['语文', '数学', '英语', '历史', '生物']
增加编程课后小智的课程: ['语文','数学','英语','历史','生物',
  '编程']
```

★ 删除元素

列表具有 pop() 方法和 remove() 方法，使用这两种方法都可以删除元素。二者的使用方法如下所示。

```
list.pop(index=-1)
list.remove(obj)
```

pop() 方法根据索引值（index）来删除元素，remove() 方法根据对象（obj）来删除元素。

例 > 为小智删除一些课程。

小智决定取消"合唱"和"游泳"课程，具体代码如下。

```
interests = ["钢琴", "合唱", "游泳"]
```

```
print("小智的素质拓展课程：", interests)
# 使用 pop() 方法删除"游泳"课程
interests.pop(-1)
print("删除游泳课后的素质拓展课程：", interests)
# 使用 remove() 方法删除"合唱"课程
interests.remove("合唱")
print("删除合唱课后的素质拓展课程：", interests)
```

运行程序，输出结果如下所示。

```
小智的素质拓展课程： ['钢琴', '合唱', '游泳']
删除游泳课后的素质拓展课程： ['钢琴', '合唱']
删除合唱课后的素质拓展课程： ['钢琴']
```

编程答疑

索引支持负数吗？

在"为小智删除一些课程"一例中，我们使用 pop() 方法时，使用的索引值是 –1。

在 Python 中，索引是支持负数的，所有的序列类型都支持负索引。负索引从序列尾部以 –1 开始，它的范围为 –1 到负长度（见图 3-7）。

列表	"钢琴"	"合唱"	"游泳"
正索引	0	1	2
负索引	–3	–2	–1

图 3-7　负索引

★ 更改元素

在 Python 中，可以对索引或者切片直接赋值，使用这种赋值方式将直接改变索引或切片对应的元素值。

例 将小智的"游泳"课替换为"编程"课，将"钢琴"和"合唱"课替换为"小提琴"和"声乐"课。

具体代码如下所示。

```
interests = ["钢琴", "合唱", "游泳"]
print("小智的素质拓展课程: ", interests)
# 使用赋值的方式将游泳课改为编程课
interests[2] = "编程"
print("更改后的素质拓展课程: ", interests)
# 使用为切片赋值的方法将钢琴和合唱课替换为小提琴和声乐课
interests[0:2] = ["小提琴", "声乐"]
print("再次更改后的素质拓展课程: ", interests)
```

运行程序，输出结果如下所示。

```
小智的素质拓展课程: ['钢琴', '合唱', '游泳']
更改后的素质拓展课程: ['钢琴', '合唱', '编程']
再次更改后的素质拓展课程: ['小提琴', '声乐', '编程']
```

3.2.5 列表支持的其他方法

列表还支持很多其他方法，如表 3-2 所示。

表 3-2　列表支持的方法

方　法	描　述
list.count(obj)	记录元素 obj 在列表中出现的次数
list.index(obj)	返回元素 obj 在列表中第一次出现时的索引位置
list.sort(key = None, reverse = False)	sort() 方法对列表 list 进行排序，使原列表元素按顺序排列
list.insert(index,obj)	insert() 方法将元素 obj 插入 index 索引位置
list.extend(seq)	向列表 list 中添加多个元素，参数 seq 表示包含多个元素的序列

例　对成绩进行排序，统计最高分和最低分并计算班级平均分。

小智的班级组织了数学小测验，小智想利用最近掌握的编程技术统计学生成绩的最高分、最低分以及计算班级平均分。代码如下所示。

```
# 使用 scores 存储成绩列表
scores = [100, 98, 94, 99, 89, 84, 75, 79, 85, 93, 90, 77,
    92, 83, 75]
# sum_score 用于统计成绩总和
sum_score = 0
# 使用 for 循环迭代成绩列表并对成绩求和
for item in scores:
    sum_score += item
# 对成绩排序
scores.sort()
# num 表示参加测验的同学人数
num = len(scores)
print("一共有 {} 名同学参加了测验。".format(num))
print("班级成绩列表: ", scores)
print("最高分为: ", scores[num - 1])
print("最低分为: ", scores[0])
print("平均分为: ", sum_score / num)
```

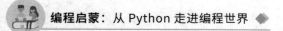
运行程序，输出结果如下所示。

一共有 15 名同学参加了测验。

班级成绩列表：[75, 75, 77, 79, 83, 84, 85, 89, 90, 92, 93, 94, 98, 99, 100]

最高分为：100

最低分为：75

平均分为：87.53333333333333

3.3 不可修改的多元素组合：元组

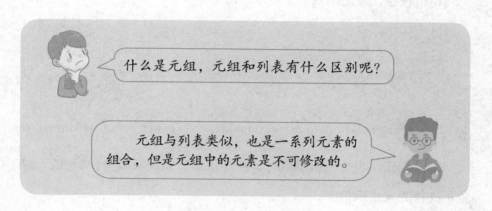

什么是元组，元组和列表有什么区别呢？

元组与列表类似，也是一系列元素的组合，但是元组中的元素是不可修改的。

元组与列表类似，用于存储多个元素，它与列表的区别在于元组是一个不可变序列，元组中的元素可以被访问但是不能被更改。

元组中的数据使用一对圆括号括起来，每两个元素之间使用逗号"，"分隔。列表的创建方式如下所示。

```
tupleName = (element1,element2,…,elementn)
```

访问元组元素可以使用下标或者切片的方式，也可以使用 for 循环迭代，但是由于元组的元素是不可更改的，因此不能为下标或者切片赋值，否则会报语法错误。

> **例** 创建一个元组，并尝试更改元组的值。

具体代码如下所示。

```
tup = (1, 2, 3, 4, 5)
print("tup[1]: ", tup[1])
# 尝试修改 tup[1] 的值
tup[1] = 10
```

运行程序，输出结果如下所示。

```
tup[1]: 2
Traceback (most recent call last):
    File "D:/Python_workspace/com/book2/ch3/3.3.1.py",
        line 4, in <module>
        tup[1] = 10
TypeError: 'tuple' object does not support item assignment
```

可以看到，当为元组赋值时，程序报错，错误原因为："元组"对象不支持为元素赋值。

3.4　Python 内置的其他序列类型

除了字符串、列表和元组，Python 中还有其他序列类型吗？

除了字符串、列表和元组，集合和字典也是 Python 内置的序列类型。

除了字符串、列表和元组三种基本序列类型，Python 中还有集合、字典等序列类型，集合和字典都是无序的序列。

Python 中的集合与数学中的集合概念类似，集合内部没有重复元素，支持并集、交集和差集运算。

在 Python 中，字典采用"键 – 值"对的形式存储元素。Python 中的所有序列都支持以下三个函数：len()、min()、max()，用法如下。

```
len(obj)
min(seq)
max(seq)
```

其中 len(obj) 返回 obj 的长度，min(seq) 返回序列 seq 中的最小值，max(seq) 返回序列 seq 中的最大值。

编程闯关

表述"今天一定要交作业！"，并将这句话重复三次，借助代码要如何实现呢？快来尝试一下吧。

参考代码如下所示。

```
words = "今天一定要交作业！"
print("重要的事情说三遍：")
# 使用"*"使字符串重复 n 次
print(words * 3)
```

第4章

不可预知的方向：
流程控制语句

在 Python 中有这样一类语句，它们可以改变程序的执行流程，使程序不必按照顺序一句一句执行，它们就是流程控制语句。

　　流程控制语句包括 if 语句、for 循环语句以及 while 循环语句等，它们分别实现逻辑判断与循环执行功能，一起来认识下这些语句都有哪些妙用吧!

4.1　做出选择：向左走，向右走

4.1.1　if 语句

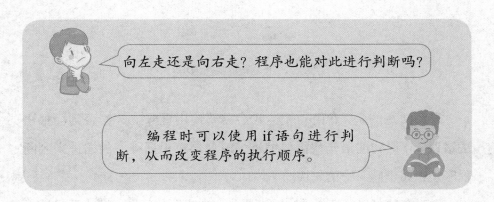

向左走还是向右走？程序也能对此进行判断吗？

编程时可以使用 if 语句进行判断，从而改变程序的执行顺序。

　　"向左走还是向右走呢？""明天出门带不带伞呢？"日常生活中，我们经常面临各种各样的选择。

　　计算机程序也一样可以进行类似的选择。Python 提供的 if 语句可以选择性地执行某些语句，从而改变运算逻辑。if 语句的语法格式如下所示。

```
if 表达式:
    语句块
```

这里的表达式是指逻辑表达式，其值为真（True）或者假（False）。

当表达式的值为真时，执行语句块，否则跳过语句块，直接执行后面的语句。

if语句的执行流程如图 4-1 所示。

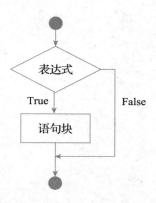

图 4-1　if 语句的执行流程

需要注意的是，if语句表达式后需要使用冒号 " :"，否则会报语法错误。if语句的语句块需要缩进，解释器将根据程序的缩进来判断程序是否属于同一个语句块。

面对在岔路口是选择 "向左走还是向右走" 的问题，陷入两难选择时有什么好的解决方法吗？既然不知道是向左走还是向右走，那就抛硬币好了，如果硬币正面向上就向左走，背面向上就向右走。

例　向左走还是向右走？使用程序模拟抛硬币的形式，进而作出选择。

Python 中内置了 random 库，该库提供了一些函数，可以用来产生随机数。在本例中，我们使用 random.randint(0,1) 产生 0 和 1 之间的整型随机数，0 表示硬币正面向上，1 表示硬币背面向上，我们以此来模拟抛硬币的过程。

具体代码如下所示。

```python
import random

# coin 表示硬币，0 表示正面向上，1 表示背面向上
coin = random.randint(0, 1)
if coin == 0:
    print("硬币的正面向上，小智向左走。")
if coin == 1:
    print("硬币的背面向上，小智向右走。")
```

运行以上代码，输出的结果既可能是下面这样。

硬币的正面向上，小智向左走。

也可能是下面这样。

硬币的背面向上，小智向右走。

输出什么结果取决于硬币哪面向上。

【编程贴士】

if 语句中的表达式

if 语句中表达式的结果一般为布尔值，但也可以是整型数值或者字符串，其中，整型数值非 0 表示真，字符串非空表示真，其余情况表示假。

4.1.2 if…else 语句

在 Python 中，if 语句可以搭配 else 子句构成 if…else 语句，该语句的语法格式如下所示。

```
if 表达式:
    语句块1
else:
    语句块2
```

在 if…else 语句中，当表达式的值为 True 时，执行语句块 1，当表达式的值为 False 时，执行语句块 2。

if…else 语句的执行流程如图 4-2 所示。

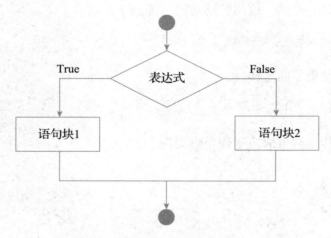

图 4-2　if…else 语句的执行流程

例　使用 if…else 语句来判断"向左走还是向右走"。

具体代码如下所示。

```
import random

# coin 表示硬币，0 表示正面向上，1 表示背面向上
coin = random.randint(0, 1)
if coin == 0:
    print("硬币的正面向上，小智向左走。")
else:
    print("硬币的背面向上，小智向右走。")
```

运行以上代码，输出的结果既可能是下面这样。

硬币的正面向上，小智向左走。

也可能是下面这样。

硬币的背面向上，小智向右走。

输出什么结果取决于硬币哪面向上。

4.2 发现与探索：星座的秘密

计算机知道我是什么星座吗？

你可以设计一个程序，输入生日，程序就可以输出对应的星座，而且程序还能根据星座分析性格特点呢！

4.2.1 分析问题

小智对星座产生了好奇心，他想要设计一个程序，在程序中，只要输入出生日期（月份和日期），程序就可以输出对应的星座和性格特点。这样的程序要怎么实现呢？

★ 程序输入

程序有两个输入值：月份和日期。先使用 input() 函数接收输入值，然后使用 int() 函数将输入值转化为整型。程序中使用变量 month 和 day 来分别表示月份和日期。

★ 根据月份和日期判断星座

程序根据输入的月份和日期，判断对应的星座。星座对应的日期如图 4-3 所示。

水瓶座	1.20 — 2.18	双鱼座	2.19 — 3.20
白羊座	3.21 — 4.19	金牛座	4.20 — 5.20
双子座	5.21 — 6.21	巨蟹座	6.22 — 7.22
狮子座	7.23 — 8.22	处女座	8.23 — 9.22
天秤座	9.23 — 10.23	天蝎座	10.24 — 11.22
射手座	11.23 — 12.21	摩羯座	12.22 — 1.19

图 4-3　星座和对应的日期

程序先对月份进行判断，再对日期进行判断，从而最终确定输入的生日属于哪个星座。在对月份进行判断的过程中，if…else 语句无法满足要求，因为存在 12 个月份，需要有 12 个分支。对于这种多分支的情况，可以使用 if…elif…else 语句，其语法格式如下所示。

```
if 表达式1:
    语句块 1
elif 表达式 2:
    语句块 2
elif 表达式 3:
    语句块 3
…
else:
    语句块 n
```

在执行 if…elif…else 语句时，程序首先对表达式 1 进行判断，如果为 True，则执行语句块 1，否则跳过语句块 1，对表达式 2 进行判断……如此执行，如果所有的表达式值都为 False，则执行 else 的语句块 n。它的执行流程如图 4-4 所示。

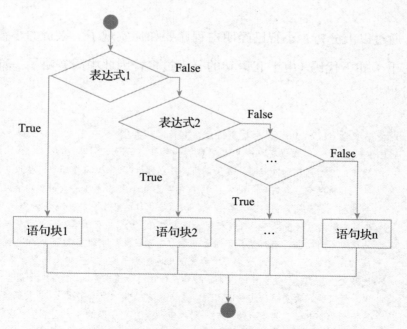

图 4-4　if…elif…else 语句的执行流程

现在月份的判断问题使用 if…elif…else 语句即可解决。从图 4-3 可以看出，每个月份对应着两个星座，因此在 if 语句中还要嵌套 if 语句对日期进行判断。

★ 输出星座对应的性格特点

很多人认为，星座相同的人会表现出相似的性格特征，也就是说星座与性格特点相对应。我们可以使用字典类型来保存每个星座对应的性格特征，其中，星座名称为键，性格特点为值。

4.2.2 解决问题

通过以上分析，小智已经明白程序要如何实现了。兴奋的小智很快写下了如下代码（由于 if 语句的分支过多，因此中间省略了一部分代码）。

```
# 使用变量 dictSign 保存星座特点，它是字典类型
dictSign = {"摩羯座": "摩羯座的人善良、谨慎，做事踏实。","水瓶
    座": "水瓶座的人聪明，善于创新，特立独行。", "双鱼座": "双鱼座
    的人大都善良，非常乐于助人。","白羊座": "白羊座的人虽然热情但容
    易冲动，喜欢探索但容易不顾后果，从而导致自己身处险境。","金牛座":
    "金牛座的人大多保守、性情稳定、适应力好。", "双子座": "双子座的
    人往往好奇心强，有想法，但缺乏专注力、专一性。","巨蟹座": "巨蟹
    座的人有爱心，会照顾人。","狮子座": "狮子座的人热情、阳光、豪爽。
    ","处女座": "处女座的人生活精致，往往过于追求完美。", "天秤座":
    "天秤座的人善交际、沟通能力强，是老好人。","天蝎座": "天蝎座的
    人有活力、热情，占有欲强。","射手座": "射手座的人为人主动、乐观，
```

```
        喜欢挑战和突破自我。"}
# 由用户输入月份和日期，并转化为整数类型
month = int(input("请输入月份："))
day = int(input("请输入日期："))
# 使用 if...elif...else 语句确定月份
if month == 1:
    if day <= 19: # 使用 if 嵌套确定星座
        print(dictSign["摩羯座"])
    else:
        print(dictSign["水瓶座"])
elif month == 2:
    if day <= 18:
        print(dictSign["水瓶座"])
    else:
        print(dictSign["双鱼座"])
elif month == 3:
    if day <= 20:
        print(dictSign["双鱼座"])
    else:
        print(dictSign["白羊座"])
elif month == 4:
    if day <= 19:
        print(dictSign["白羊座"])
    else:
… # 由于篇幅有限，此处省略部分类似的代码分支
elif month == 11:
    if day <= 22:
        print(dictSign["天蝎座"])
    else:
        print(dictSign["射手座"])
elif month == 12:
    if day <= 21:
        print(dictSign["射手座"])
    else:
        print(dictSign["摩羯座"])
else:
    print("输入的月份有误！")
```

运行以上代码，当输入月份 12，日期 14 时，输出结果如下所示。

```
请输入月份：12
请输入日期：14
射手座的人为人主动、乐观，喜欢挑战和突破自我。
```

编程答疑

else 语句可以单独使用吗？

else 语句表示的是否则的意思，无论从语法上还是语义上它都需要和 if 语句配合使用，elif 语句也是如此。

如果单独使用 else 语句或者 elif 语句会报语法错误。

4.3 循环的魅力：送你一颗爱心

4.3.1 for 循环语句

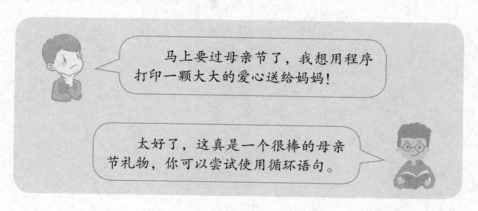

马上要过母亲节了，我想用程序打印一颗大大的爱心送给妈妈！

太好了，这真是一个很棒的母亲节礼物，你可以尝试使用循环语句。

在日常生活中，我们常常会做很多重复的工作，而重复的工作最适合使用不知疲倦的计算机来处理了。你知道如何使用 Python 来处理重复的工作吗？这就要用到 Python 中的循环了。

Python 中有两种循环语句：for 循环和 while 循环。这里我们先介绍 for 循环语句。for 循环语句的语法格式如下所示。

```
for item in iterable:
    循环体
```

for 语句中，iterable 为可迭代对象，item 为 iterable 中的元素。循环体是重复执行的语句，通过冒号和缩进来确定。for 语句的执行流程如图 4-5 所示。

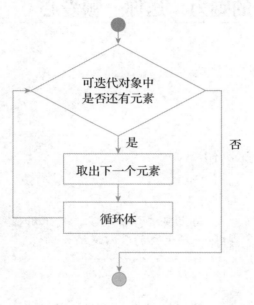

图 4-5　for 语句的执行流程

例　计算序列 2, 4, 6, 8……100 的和。

Python 中具有 range(start,stop[,step]) 内置函数，该函数返回一个可迭代整数序列对象，该整数序列起始值为 start，步长为 step（可缺省，缺省值为 1），终止于 stop，但整数序列中不包含 stop。例如，range(1, 5, 1) 返回一个 [1, 2, 3, 4] 序列对象。

在本例中，我们使用 range() 函数来生成 2，4，6，8……100 序列，然后使用 for 循环进行迭代，从而求和。

具体代码如下所示。

```
s = 0
for item in range(2, 102, 2):
    s += item
print("序列 2,4,6,8...100 全部元素的和为：", s)
```

运行代码，输出结果如下所示。

```
序列 2,4,6,8...100 全部元素的和为：2550
```

编程答疑

for 循环支持嵌套使用吗？

在 Python 中，for 循环既支持单独使用，也支持嵌套使用，即在 for 循环中可以再次使用 for 循环，不仅如此，for 循环和 while 循环也可以互相嵌套使用。

4.3.2　小智的母亲节礼物：打印爱心

★ 爱心的形状

小智要用程序为妈妈打印爱心，爱心的形状如何确定呢？在数学中，心形曲线可以用如下方程式来表示：$(x^2 + y^2 - 1)^3 - x^2 y^3 = 0$。

设置变量 formula 表示 $(x^2 + y^2-1)^3-x^2y^3$ 的值，如果 formula<=0，则表示坐标 (x, y) 在心形内部，打印输出字符。如果 formula>0 则表示坐标 (x,y) 在心形外部，打印输出空格。这样，输出的字符就可以组成一个心形了。打印什么字符内容呢？小智想了想，决定打印 "MomILoveYou"。

★ 使用双重 for 循环迭代打印

在程序中，使用 x 表示横坐标，代表打印列表的宽度，使用 y 表示纵坐标，代表打印列表的高度。由于心形曲线内部坐标 (x，y) 的取值范围较小，因此在程序中我们将对 x 和 y 先按照比例放大再缩小。

针对 x 和 y，使用双重 for 循环进行迭代，就可以打印出爱心形状了。

具体代码如下所示。

```python
word = "MomILoveYou"
# lines 表示单词对应的心形列表
lines = []
# x 和 y 为画布，x 代表宽，y 代表高
for y in range(12, -12, -1):
    # line_chars 表示一行字符
    line_chars = ''
    for x in range(-25, 25):
        # formula 表示心形线的直角坐标方程式
        # 其中 x 和 y 都按照比例放大缩小
        formula = ((x * 0.05) ** 2 + (y * 0.1) ** 2 - 1)
            ** 3 - (x * 0.05) ** 2 * (y * 0.1) ** 3
        # 如果 formula<=0 表示在心形线内部，需输出字符
        if formula <= 0:
            line_chars += word[(x) % len(word)]
```

```
        else:  # formula > 0，表示在心形线外部，需输出空格
            line_chars += ' '
    lines.append(line_chars)
# 使用换行符连接心形列表并输出
print('\n'.join(lines))
```

运行代码，输出结果如下所示。

```
        YouMomILo              veYouMomI
      LoveYouMomILoveYo    mILoveYouMomILove
   mILoveYouMomILoveYouMomILoveYouMomILoveYo
 omILoveYouMomILoveYouMomILoveYouMomILoveYou
MomILoveYouMomILoveYouMomILoveYouMomILoveYouM
MomILoveYouMomILoveYouMomILoveYouMomILoveYouM
MomILoveYouMomILoveYouMomILoveYouMomILoveYouM
MomILoveYouMomILoveYouMomILoveYouMomILoveYouM
MomILoveYouMomILoveYouMomILoveYouMomILoveYouM
MomILoveYouMomILoveYouMomILoveYouMomILoveYouM
 omILoveYouMomILoveYouMomILoveYouMomILoveYou
  mILoveYouMomILoveYouMomILoveYouMomILoveYo
   mILoveYouMomILoveYouMomILoveYouMomILoveYo
    LoveYouMomILoveYouMomILoveYouMomILove
     oveYouMomILoveYouMomILoveYouMomILov
      veYouMomILoveYouMomILoveYouMomILo
       YouMomILoveYouMomILoveYouMomI
        uMomILoveYouMomILoveYouMo
         omILoveYouMomILoveYou
          LoveYouMomILove
           eYouMomIL
            uMo
             M
```

小智对自己打印的心形"MomILoveYou"很是满意，决定等父亲节的时候如法炮制，再给爸爸打印一个同款心形"DadILoveYou"。小智已经知道如何修改代码了，你知道怎么修改吗？动手试一试吧。

4.4　学习帮手：数的统计

for 循环语句太好用了，我已经迫不及待想要学习另一种循环语句了！

另一种循环语句是 while 循环语句，它的功能也很强大！

while 循环语句的语法格式如下所示。

```
while 表达式:
    循环体
```

执行 while 语句时，首先计算表达式的值，如果为真，则执行循环体，如此循环执行，直到表达式的值为假时止，其执行流程如图 4-6 所示。

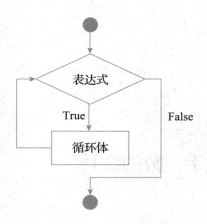

图 4-6　while 语句的执行流程

例 统计 1000 以内 3 和 7 的公倍数。

小智正在计算 3 和 7 的公倍数，他突然想到是否可以设计一个程序来计算 1000 以内 3 和 7 的公倍数呢？

这里我们可以利用 while 循环，使用穷举法来实现需求。穷举法是指将每一个可能的结果都枚举出来，然后去除不满足条件的项。在本例中，可以对 1000 以内的整数进行枚举，针对每一个整数，确认其是不是 3 和 7 的公倍数。

具体代码如下所示。

```python
num = 1
print("3和7的公倍数有: ")
while num <= 1000:
    if num % 3 == 0 and num % 7 == 0:
        print(num, end=' ')
    num += 1
```

运行代码，输出结果如下所示。

```
3 和 7 的公倍数有：
21  42  63  84  105  126  147  168  189  210  231  252  273  294  315
   336  357  378  399  420  441  462  483  504  525  546  567  588  609
   630  651  672  693  714  735  756  777  798  819  840  861  882  903
   924  945  966  987
```

4.5　不墨守成规：打破循环

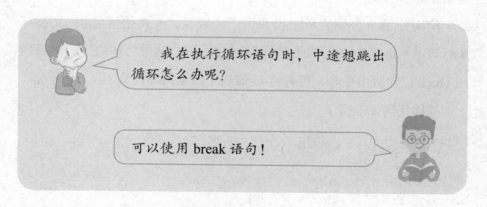

我在执行循环语句时，中途想跳出循环怎么办呢？

可以使用 break 语句！

　　执行循环语句的程序就好像绕着圆形轨道不停行驶的托马斯小火车，不停地循环执行。有没有办法可以打破循环，提前结束循环呢？Python 提供了 break 语句来实现提前跳出循环的功能。break 语句的用法如下所示。

```
while/for …:
    语句块 1
    if 条件表达式：
        break
    语句块 2
```

break 语句可以用于 while 语句和 for 语句。break 语句一般需要搭配 if 语句一起使用，当 if 语句中条件表达式的值为 True 时，跳出循环体。执行 break 语句后，将直接跳出循环，不再执行语句块 2，直接执行 while/for 后面的语句。

例 请帮小智计算他购买的商品的数量。

小智在超市买了一些牛奶和饼干，牛奶 3 元一盒，饼干 5 元一包，牛奶和饼干一共 9 件，花了 33 元，现在用程序计算一下，牛奶和饼干各买了多少件吧？

使用 m 和 n 分别表示牛奶和饼干的数量，m 初始值为 0。在循环中计算 3 * m + 5 * n，如果其值等于 33，则将结果打印输出，然后使用 break 语句跳出循环，否则将 m 值加 1 继续循环计算。

具体代码如下所示。

```
m = 0 #m 表示牛奶的数量
while m <= 9:
    n = 9 - m #n 表示饼干的数量
    if 3 * m + 5 * n == 33:
        print("牛奶买了：%d 盒。" % m)
        print("饼干买了：%d 包。" % n)
        break # 使用 break 跳出循环
    m+=1
```

输出结果如下所示。

```
牛奶买了：6 盒。
饼干买了：3 包。
```

编程闯关

小智想要设计一个猜数字游戏。该游戏由程序默认生成一个数字，用户来猜。当用户猜的数字不对时，程序提示数字大了或者小了，用户继续猜。当用户猜对了或者输入 0 时，程序结束。这个游戏要如何实现呢？快来挑战一下吧。

参考代码如下所示。

```python
import random
# result 是随机生成的数字，表示用户要猜的数字
result = random.randint(1, 100)
print("数字已生成（处于1到100之间）！如果想结束游戏请输入0。")
while True:
    # 由用户输入数字
    num = int(input("输入你猜的数字："))
    # 输入0表示游戏结束，跳出循环
    if num == 0:
        print("游戏结束！")
        break
    # 如果num和result相等，表示猜中了，跳出循环
    elif num == result:
        print("猜中了，好厉害！")
        break
    elif num < result:
        print("你猜的数字小了。")
    else:
        print("你猜的数字大了。")
```

第5章

巧用函数，
制作实用小工具

函数是一段代码块，一般用于实现某种功能。当一段代码需要多次执行时，可以按照功能将该段代码定义为一个或多个函数，然后在需要使用时，直接调用函数即可。使用函数可以简化代码，提高代码的利用率，从而减少维护成本。接下来就让我们一起来了解如何定义和使用函数吧。

5.1 最大公约数

5.1.1 函数

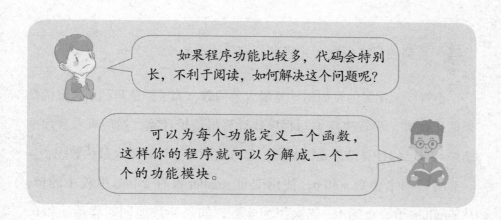

如果程序功能比较多，代码会特别长，不利于阅读，如何解决这个问题呢？

可以为每个功能定义一个函数，这样你的程序就可以分解成一个一个的功能模块。

其实你已经使用过函数了，输出时使用的 print() 就是 Python 的内置函数。那如何自定义一个函数呢？在 Python 中使用关键字 def 来定义函数，其语法格式如下所示。

```
def function_name([parameterlist]):
    [statements]
```

function_name 为函数名称，parameterlist 为参数列表，可以有 0 个或多个参数，各参数间使用逗号隔开。圆括号是必须存在的，即使没有参数也要保留，否则程序将会报错。statements 表示函数体，是完成函数功能的部分，函数体可以为空语句（pass）或者多条语句。

定义了函数以后就可以调用函数了，调用函数的方式与使用 Python 的内置函数是一样的，调用方式为：function_name([parame-terlist])。

5.1.2　最大公约数函数

例　尝试在程序中定义并调用最大公约数函数。

小智今天学习的是如何计算最大公约数，为了验证自己所计算的结果的正确性，小智决定编写程序让计算机帮忙计算，然后查看程序的结果与自己的计算结果是否相同。怎么使用程序计算最大公约数呢？

给定两个整数 a 和 b，使用变量 smaller 保存 a 和 b 中较小的值，从 smaller 开始直到 1，依次作为除数，如果除数能同时整除 a 和 b，则该除数就是 a 和 b 的最大公约数。具体代码如下。

```
def gcd(a, b):
    """该函数返回两个数的最大公约数"""
    smaller = min(a, b)
```

```
    # 使用 range() 函数生成可迭代对象
    for i in range(smaller, 0, -1):
        if (a % i == 0) and (b % i == 0):
            print(a, "和", b, "的最大公约数为: ", i)
            # 找到最大公约数即跳出循环
            break
# 用户输入两个数字
num1 = int(input("输入第一个数字: "))
num2 = int(input("输入第二个数字: "))
# 调用函数
gcd(num1, num2)
```

运行以上代码，输出结果如下所示。

```
输入第一个数字: 24
输入第二个数字: 18
24 和 18 的最大公约数为: 6
```

5.2 计算周长和面积

5.2.1 为参数设置默认值

有了函数，我的代码看起来更整洁了，但是每次都传入好多参数感觉很麻烦。

这个问题好解决，函数里可以给参数设置默认值，如果使用默认值，就可以不传该参数。

定义函数时，可以直接为参数设置默认值，当调用函数时如果使用默认值，则可以不为该函数传递参数，这使我们调用函数时操作更加方便。在 Python 中定义带有默认值参数的函数，其语法格式如下所示。

```
def function_name(…,[parameter=defaultvalue]):
    [statements]
```

function_name 为函数名称，parameter=defaultvalue 为可选参数，默认值为 defaultvalue，statements 表示函数体。

5.2.2 带有默认值参数的周长面积函数

例 使用函数来计算长方形的周长和面积。

小智想用程序计算长方形的周长和面积，他决定将计算周长和面积的功能定义为函数来实现。

代码如下所示。

```python
def calculate(a, b, category=1):
    '''定义计算函数,a、b表示长和宽,category表示类别,默认为1
    (计算周长)'''
    if category == 1:  # category 为 1 表示计算周长
        print("长方形的周长为: ", 2 * (a + b))
    else:  # category 为 2 表示计算面积
        print("长方形的面积为: ", a * b)
print("1 计算长方形周长 2 计算长方形面积")
choose = int(input("请输入你的选择: "))
a = int(input("请输入长:"))
b = int(input("请输入宽:"))
if choose == 1:
    calculate(a, b)              # 调用函数,使用默认参数
else:
    calculate(a, b, choose)   # 调用函数
```

运行以上代码，输出结果如下所示。

```
1 计算长方形周长   2 计算长方形面积
请输入你的选择：1
请输入长 :24
请输入宽 :9
长方形的周长为：66
```

5.3　计算乘坐地铁的费用

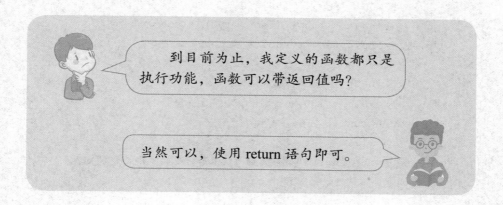

到目前为止，我定义的函数都只是执行功能，函数可以带返回值吗？

当然可以，使用 return 语句即可。

在函数体中，可以使用 return 语句来指定函数的返回值，如果没有使用 return 语句，则默认返回 None。

例 定义函数计算乘坐地铁的费用，并将计算结果返回。

小智的妈妈每天乘坐地铁上下班，地铁公司的计费规则如下：每个月内每张卡累计消费金额超过 100 元后的乘次，给予八折优惠，累

计消费金额超过 150 元（原价）后的乘次，给予五折优惠，累计消费金额超过 400 元（原价）后的乘次不再享受打折优惠。

小智决定使用程序帮妈妈计算每个月实际支付的乘坐地铁的费用。

具体代码如下所示。

```python
def cost(fee):
    ''' 计算优惠后的乘坐地铁的费用并返回 '''
    result = 0;
    if fee <= 100:
        result = fee
    elif 100 < fee <= 150:   # 超出 100 的部分打八折
        result = 100 + (fee - 100) * 0.8
    elif 150 < fee <= 400:  # 超过 150 的打五折
        result = 100 + 40 + (fee - 150) * 0.5
    elif 400 < fee:  # 超过 400 不打折
        result = 100 + 40 + 125 + (fee - 400)
    return result

expense = int(input("请输入当月优惠前的地铁消费金额 :"))
print("优惠后的地铁费用 :", cost(expense))
```

运行以上代码，输出结果如下所示。

```
请输入当月优惠前的地铁消费金额 :600
优惠后的地铁费用 : 465
```

5.4　我们来交换

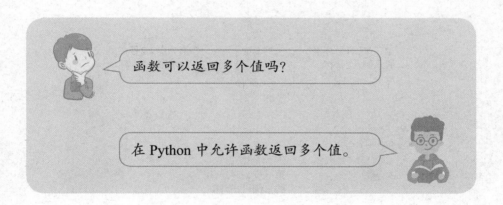

函数可以返回多个值吗？

在 Python 中允许函数返回多个值。

在 Python 中，函数是可以返回多个值的。返回多个值时，各个值使用逗号分隔开，结果以元组的形式返回。

例　交换两个变量的值。

在程序中如何将两个变量的值进行交换呢？

刚开始学编程的同学，可能会直接写出下面这样的代码。

```
a = b
b = a
```

运行程序就会发现，这样写的结果是变量 a 和 b 的值都变成了 b 的值。这是因为当执行 a = b 时，b 的值赋值给了 a，a 原来的值已经丢失了。

想一想，我们在日常生活中，想要交换两个杯子里的水，需要如何操作呢？如图 5-1 所示，想要交换 1 号和 2 号杯子里的水，可以借助 3 号空杯。首先将 2 号杯里的水倒入 3 号杯，其次将 1 号杯里的水倒入 2 号杯，再次将 3 号杯里的水倒入 1 号杯，至此，1 号和 2 号杯中的水完成了交换。

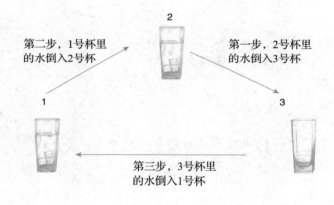

图 5-1　交换两个杯子里的水

程序中交换两个变量的值与此类似，需要借助第三个变量。具体代码如下所示。

```
a = int(input("请输入 a:"))
b = int(input("请输入 b:"))
c = a
```

```
a = b
b = c
print("————————交换后————————")
print("a:", a)
print("b:", b)
```

运行以上代码，输出结果如下所示。

```
请输入 a:13
请输入 b:7
————————交换后————————
a: 7
b: 13
```

也可以借助函数实现，在函数中直接返回两个变量的值，再将结果赋值给 a、b，从而达到交换的目的。

部分代码如下所示。

```
def exchange(x, y):
    return y, x

a, b = exchange(a, b)
```

上述两种方法都可以实现交换变量的功能，但在 Python 中还有更简洁的方式，只需一行代码即可完成交换。代码如下所示。

```
a, b = b, a
```

5.5 算一算我的压岁钱有多少

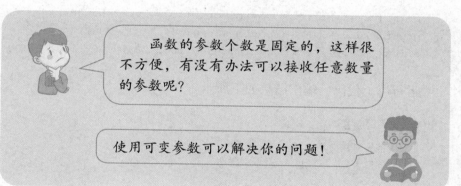

函数的参数个数是固定的，这样很不方便，有没有办法可以接收任意数量的参数呢？

使用可变参数可以解决你的问题！

在 Python 中可以定义可变参数。可变参数，即传入函数的参数个数可以变化。可变参数有两种，这里我们先介绍其中一种形式：*parameter，这种形式的参数其实是将实际传入的参数组合成为一个元组对象。

> 例 计算小智的压岁钱。

小智每年收到的压岁钱份数和金额都不同，但他还是想用同一个函数来计算每年收到的压岁钱的总数，因此小智决定使用可变参数来实现功能。一起看看小智是如何实现的吧。

　　具体代码如下所示。

```python
def sum_money(*money):
    ''' 计算压岁钱的总数并返回值 '''
    s = 0  # s 表示压岁钱总数
    # 使用 for 循环对可变参数进行迭代
    for item in money:
        s += item
    return s

print("2019 年压岁钱: ", sum_money(100, 50, 200, 300))
print("2020 年压岁钱: ", sum_money(200, 188, 300))
print("2021 年压岁钱: ", sum_money(100, 288, 200, 100, 500))
```

　　运行以上代码，输出结果如下所示。

```
2019 年压岁钱: 650
2020 年压岁钱: 688
2021 年压岁钱: 1188
```

5.6 统计朋友们的个人信息

可变参数很有用，可是如果想传类似字典类型的可变参数时，应该怎么操作呢？

可变参数的另一种形式可以帮到你！

在"计算小智的压岁钱"的例子中，我们用到了可变参数的其中一种形式：*parameter。这里将介绍可变参数的另一种形式：**parameter。

**parameter 这种形式可以接收任意实际参数，与前一种可变参数不同的是，这里的实际参数是使用"参数名 = 参数值"的形式来传递的，函数接收参数后会将这些参数组合为一个字典对象。

例〉统计朋友们的个人信息。

小智想要将朋友们的个人信息都记录下来，每个朋友的信息都不相同，因此小智定义的函数将采用可变参数。

小智的代码如下所示。

```
def info(**friend):
    '''输出朋友们的个人信息'''
    for key, value in friend.items():
        print(key, ":", value)


info(姓名="王欣", 性别="女", 星座="射手座", 爱好="游泳")
print("---------- 分割线 -----------")
# 直接使用字典类型
dict = {"姓名": "王义", "性别": "男", "喜欢的书": "哈利·波特"}
info(**dict)
```

运行以上代码，输出结果如下所示。

```
姓名 ：王欣
性别 ：女
星座 ：射手座
爱好 ：游泳
---------- 分割线 -----------
姓名 ：王义
性别 ：男
喜欢的书 ：哈利·波特
```

【编程贴士】

同时包含两种可变参数

在自定义函数中，当参数个数不确定时，可以使用可变参数：*parameter 或者 **parameter。如果一个函数中同时包含这两种可变参数，则调用该函数时可以传递任意数量和类型的实际参数，听起来是不是很神奇？快动手验证一下吧。

5.7 分文具

> 程序在运行时出现了异常，异常要怎么处理呢？

> Python 中可以使用 try 语句来捕获异常。

例 用程序模拟分享礼物的情况。

小智生日时买了很多文具作为礼物分享给朋友们，为此小智还专门设计了一个程序来模拟他分享的过程。小智的代码如下所示。

```
def divide():
    ''' 小智分文具 '''
    num = int(input("请输入文具个数："))
```

```
friends = int(input("请输入朋友个数: "))
# // 表示地板除，保留除法结果中的整数部分
result = num // friends
remainder = num - result * friends
print("一共有 ", num, "个文具，平均分给 ", friends, "个朋友，
    每人分到 ", result, "个，还剩 ", remainder, "个文具。")
```

运行以上代码，输出结果如下所示。

```
请输入文具个数: 18
请输入朋友个数: 5
一共有 18 个文具，平均分给 5 个朋友，每人分到 3 个，还剩 3 个文具。
```

小智有一次在输入朋友个数时，不小心输入了 0，于是产生了下面的运行结果。

```
请输入文具个数: 18
请输入朋友个数: 0
Traceback (most recent call last):
    File "D:/Python_workspace/com/book2/ch5/ 分文具 .py",
        line 11, in <module>
    divide()
    File "D:/Python_workspace/com/book2/ch5/ 分文具 .py",
        line 6, in divide
        result = num // friends
ZeroDivisionError: integer division or modulo by zero
```

输入的朋友个数在程序中将作为除数存在，在数学运算中，除数不能为 0，因此，当朋友个数为 0 时，程序会产生异常，直接终止。

小智认为，程序出现异常时，直接终止运行这种方式并不友好，小智希望即使程序出现异常也能正常执行到结束，这应该怎么操作呢？

Python 中有专门的异常捕获语句——try 语句，捕获异常后可以

进行相应的处理。try 语句可以配合其他子句一起使用，构成 try…
except…else…finally 语句，完整的 try 语句形式如下所示。

```
try:
    block1
except [ExceptionName]:
    block2
else:
    block3
finally:
    block4
```

实际开发过程中，应将可能产生异常的代码块 block1 放到 try 语
句中，如果 block1 中的代码块产生异常，将执行 except 子句的代码块
block2，否则执行 else 子句的代码块 block3，无论是否产生异常，finally
子句的代码块 block4 都将被执行。try 语句的执行流程如图 5-2 所示。

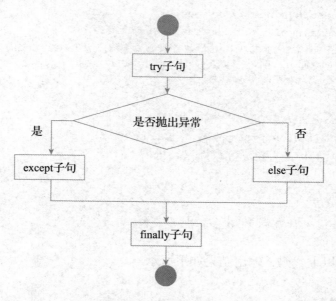

图 5-2　try 语句的执行流程

try…except…else…finally 语句必须同时使用吗?

try 语句的使用很灵活，它的子句不必同时使用。根据情况，try 语句和子句还可以组合成以下几种语句使用：try…except 语句，try…except…else 语句，try…except…finally 语句。

小智了解了 try 语句的用法后，决定修改一下代码，修改后的代码如下所示。

```python
def divide():
    '''小智分享文具'''
    num = int(input("请输入文具个数: "))
    friends = int(input("请输入朋友个数: "))
    # // 表示地板除，保留除法结果中的整数部分
    result = num // friends
    remainder = num - result * friends
    print("一共有 ", num, "个文具，平均分给 ", friends, "个朋友，
        每人分到 ", result, "个，还剩 ", remainder, "个文具。")

try:
    divide()
except (ZeroDivisionError, ValueError) as e:
    print("出错了，原因是: ", e)
else:
    print("分文具的过程很顺利! ")
finally:
    print("完成了一次分享文具的操作。")
```

运行以上代码，输出结果如下所示。

请输入文具个数: 15

120

请输入朋友个数：0
出错了，原因是：integer division or modulo by zero
完成了一次分享文具的操作。

在小蜜蜂游戏中，击中一只小蜜蜂可以得 100 分，击中一只大蜜蜂可以得 200 分，游戏结束后，显示得分。你能根据小智击中的小蜜蜂和大蜜蜂的个数计算出小智最后的得分吗？请写一个函数来实现吧。

参考代码如下所示。

```python
def result(small, big):
    '''计算游戏得分'''
    return 100 * small + 200 * big


if __name__ == '__main__':  # 如果当前文件是主执行文件
    small = int(input("请输入击中的小蜜蜂的个数："))
    big = int(input("请输入击中的大蜜蜂的个数："))
    print("最后得分为：", result(small, big))
```

第6章

别样的绘画体验

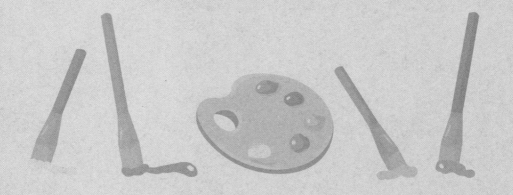

Python 的功能丰富，不仅能计算，还能画画。使用"小海龟"模块可以画出直线和曲线，这些线条可以组合成各种复杂的图形，如太阳花、大树、五角星、雪人等。现在，你是不是已经迫不及待地想要动手创作了呢？那就赶快开始吧。

6.1　导入模块

、我在一个程序文件中想使用另一个程序文件中的函数，应该如何操作呢？

先导入模块，然后再调用模块中的函数。

在 Python 中，保存的程序文件扩展名为".py"，一个扩展名为".py"的源文件就是一个模块。

一般情况下，一个模块用于实现某些相关的功能。Python 中内置了很多模块，如 random 模块，即随机数模块，该模块提供了与随机数相关的各种功能，datetime 模块是日期模块，该模块提供与日期操作相关的各种功能。

125

你也可以自己编写模块，自己编写的模块被称为自定义模块。自定义模块和 Python 内置的模块使用方法一样，都是通过 import 语句引入，其语法格式如下所示。

```
import modulename [as alias]
```

其中 modulename 为模块名称，alias 为别名。

引入模块后，就可以使用模块中的类、函数或者变量了。使用类、函数或者变量时，需要在其前面加上"modulename."，如果模块的名字较长，可以为模块名取一个别名，然后使用"alias."形式访问。

编程答疑

函数与模块有什么异同点？

函数与模块都用于实现某些功能，但是函数一般完成某一个功能，而模块中一般具有多个函数，提供多个相关的功能，是一类功能的集合。

函数与模块都可以实现代码的复用，避免代码的重复。

6.2 "小海龟"学走路

6.2.1 "小海龟"是谁

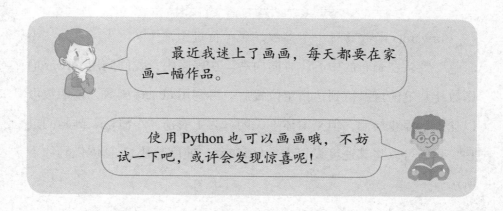

最近我迷上了画画,每天都要在家画一幅作品。

使用 Python 也可以画画哦,不妨试一下吧,或许会发现惊喜呢!

Python 中有一个特别的模块,模块名字是 turtle,翻译成中文是海龟的意思,这只"小海龟"可不一般,它最喜欢的事情就是"画画"。你知道"小海龟"是怎么画画的吗?"小海龟"的脚就是画笔,它走到哪里,就在哪里留下印记,因此它的行程就是一幅画。

使用"小海龟"之前，需要先安装 turtle 模块，在命令行窗口中输入命令：pip install turtle，即可安装该模块。

安装完成之后就可以使用该模块了。使用 import 语句引入模块，然后就可以调用该模块中的函数了。

6.2.2 "小海龟"的走路方式

★ 前进和后退

"小海龟"可以前进和后退，前进和后退分别使用 forward() 和 back() 函数。

例 使用 forward() 函数让"小海龟"向右前进 200 像素。

---

forward() 函数具有一个参数，表示行进距离（单位为像素）。"小海龟"默认在画布的中心，方向向右。在程序中，我们调用 forward() 函数让画笔前进，待到达指定位置后，再调用 done() 函数，该函数可以让画笔停止绘制，但是窗体不关闭。为了看清"小海龟"画画的过程，我们可以将其速度设置为 1（值越大，速度越快），具体代码如下所示。

```python
import turtle

# screensize() 函数设置窗体的宽、高和背景色
turtle.screensize(800, 600, "lightblue")
turtle.speed(1)   # 设置画笔速度为1
turtle.forward(200)   # 设置前进距离为 200 像素
turtle.done()   # 停止绘制
```

运行代码，绘制结果如图 6-1 所示。

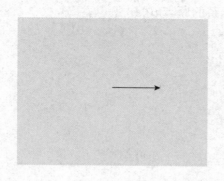

图 6-1　"小海龟"前进 200 像素的绘制结果

从绘制结果可以看出是箭头在画画，为什么不是"小海龟"画画呢？在 Python 中，画笔默认是箭头形状，如果想看小海龟画画，需要添加一行代码：turtle.shape('turtle')，这样画笔就变成小海龟形状了。

"小海龟"也可以倒着走，把 forword() 函数改为 back() 函数即可，在"小海龟"绘制的过程中，你会注意到，画笔的方向并没有改变。

★ 坐标

在 turtle 模块中，"小海龟"的位置使用平面直角坐标系来表示。什么是平面直角坐标系呢？

在平面上，画一条水平的数轴（向右为正方向）和一条垂直的数轴（向上为正方向），两条数轴就组成了平面直角坐标系，数轴的交点为原点 (0, 0)，如图 6-2 所示。在平面直角坐标系中，可以使用一对数字

(x, y) 来表示任意点的坐标。"小海龟"的默认起始位置为窗体的中心点，也是直角坐标系的原点 (0, 0)。

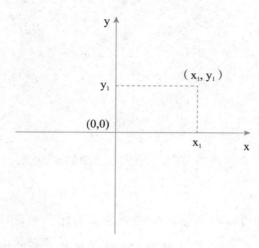

图 6-2　平面直角坐标系

turtle 模块提供了 setpos(x,y) 函数来设置"小海龟"的位置，通过设置坐标可以移动"小海龟"，也可以使用 goto(x,y) 函数来移动小海龟。需要注意的是，移动"小海龟"时，画笔的方向不会发生改变。

★ 角度

"小海龟"想要画出漂亮的图形不能只直着走，还需要转换角度。在 turtle 模块中，"小海龟"可以右转或者左转，通过使用 right() 和 left() 函数实现，参数为角度。

例　使用坐标和角度函数来绘制正方形。

"小海龟"的初始坐标位置设置为 (200, 0)，然后使其左转，前进 200 像素，如此迭代 3 次即可得到正方形。

具体代码如下所示。

```
import turtle

# screensize()函数设置窗体的宽、高和背景色
turtle.screensize(800, 600, "lightblue")
turtle.speed(1)         # 设置画笔速度为 1
turtle.setpos(200,0)    # 设置位置
for i in range(3):      # 绘制其他三个边
    turtle.left(90)
    turtle.forward(200)
turtle.done()           # 停止绘制
```

运行代码，绘制结果如图 6-3 所示。

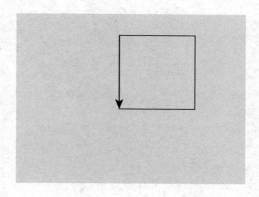

图 6-3　绘制正方形

6.3 描绘大自然

6.3.1 用彩笔绘制太阳花

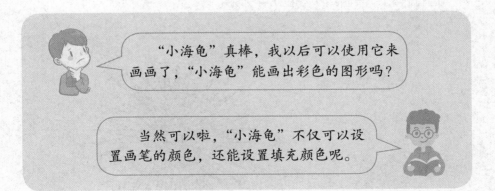

"小海龟"真棒，我以后可以使用它来画画了，"小海龟"能画出彩色的图形吗？

当然可以啦，"小海龟"不仅可以设置画笔的颜色，还能设置填充颜色呢。

例 使用彩色画笔绘制太阳花。

使用 turtle.color() 函数可以设置画笔的颜色和填充颜色，从而画出彩色的画，使用 turtle.begin_fill() 函数开始填充图形，使用 turtle.end_ fill() 函数表示填充完成。在绘画过程中，每画完一条直线，就左转 170°，画下一条线，如此循环就能画出一朵太阳花。

具体代码如下所示。

```
import turtle

# black 为画笔颜色，lightblue 为填充颜色
turtle.color("black","lightblue")
turtle.speed(10)                    # 设置画笔速度
turtle.begin_fill()                 # 开始填充颜色
for i in range(50):
    turtle.forward(200)            # 前进 200
    turtle.left(170)               # 左转 170 度
turtle.end_fill()                   # 结束颜色填充
turtle.done()
```

运行代码，绘制结果如图 6-4 所示。

图 6-4　绘制太阳花

6.3.2 用彩笔绘制大树

例 使用彩色画笔利用递归算法绘制大树。

小智想要画一棵大树。一棵大树分为树干和树枝，小智经过仔细观察发现树枝的结构和大树十分类似，树枝也可以看成是由树干和树枝组成的。

小智决定画一棵有规律可循的大树，这棵大树由树干和树枝组成。树枝分为左树枝和右树枝，而左、右树枝的结构也是一棵大树。因此，画一棵大树这个任务就可以分成三个小任务：画树干和两棵子树。

定义一个 tree() 函数来表示绘制大树的过程，这个函数需要完成三个任务：绘制树干，绘制左子树和绘制右子树。左子树和右子树的绘制方法和绘制整棵大树的方法是一样的，因此，绘制左子树和绘制右子树均可以调用 tree() 函数来完成。

具体代码如下所示。

```python
import turtle

def tree(trunk_len, t):
    '''绘制大树，trunk_len 为树干长度，t 为画笔'''
    if trunk_len > 5:                  # 树干长度大于 5 时进行绘制
        t.forward(trunk_len)           # trunk_len 为树干长度
        t.right(20)                    # 右转 20 度
        tree(trunk_len - 15, t)        # 画右子树
        t.left(40)                     # 左转 40 度
        tree(trunk_len - 10, t)        # 画左子树
        t.right(20)                    # 右转 20 度，回到树干的角度
```

```
        t.backward(trunk_len)              # 后退回到树干起始位置

def main():
    turtle.speed(100)                      # 设置画笔速度
    turtle.left(90)                        # 设置初始角度为向上
    turtle.up()                            # 抬起画笔
    turtle.backward(300)                   # 向下移动 300
    turtle.down()                          # 放下画笔
    turtle.color('blue')                   # 设置颜色为蓝色
    tree(110, turtle)                      # 绘制大树，树干长度 110
    turtle.done()                          # 绘制结束
if __name__ == '__main__':
    main()
```

运行代码，绘制结果如图 6-5 所示。

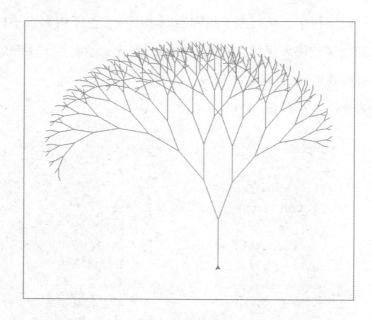

图 6-5　绘制大树

【编程贴士】

递归

在"用彩笔绘制大树"的源程序中，tree() 函数通过调用自身来绘制左子树和右子树，这种调用自身的函数被称为递归函数。递归是一种特殊的算法，它通过将一个大问题分解成与其相似的小问题来求解，使用递归算法可以减少代码量，但使用不当容易造成无限循环从而导致内存溢出。

6.4 绘制更多的几何图形

6.4.1 用彩笔绘制五角星

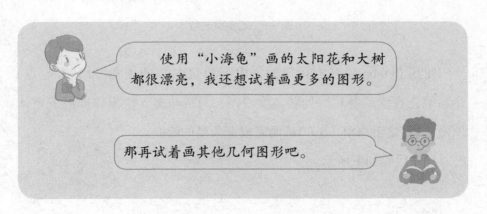

使用"小海龟"画的太阳花和大树都很漂亮，我还想试着画更多的图形。

那再试着画其他几何图形吧。

例 在 Python 中用画笔绘制五角星。

小智准备绘制五角星，五角星的五条边都是一样长的，但是五角星的角度怎么确定呢？如图 6-6 所示，虚线构成了中心的等五边形，等五边形的五个角的和为 540°，因此角 1 为 108°，角 2 的度数为 180°–108° = 72°，角 3 的度数为 180°–72°–72°=36°。

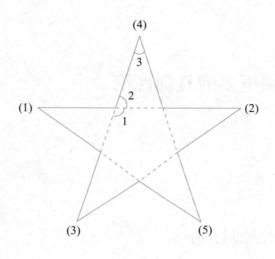

图 6-6　五角星的角

使用 Python 绘制五角星时，以五角星左部的顶角（1）为起点，让画笔先直线绘制然后偏转角度绘制，只需重复 5 次操作即可依序从顶角（1）绘至顶角（5），从而完成五角星的绘制。

具体代码如下所示。

```
from turtle import *

begin_fill()                    # 开始填充
color("black","lightblue")      # 设置画笔颜色和填充颜色
for i in range(5):
    forward(100)                # 前进 100 像素
```

```
    right(180-36)  右转 180-36 度
end_fill()                        # 停止填充颜色
ht()                              # 隐藏画笔
done()                            # 绘制结束
```

运行代码，绘制结果如图 6-7 所示。

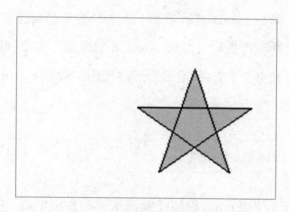

图 6-7　绘制五角星

在"绘制五角星"的源代码中可以看到，引入 turtle 模块时，使用的是 from 模块名 import * 语句。那么，使用 from…import 语句和直接使用 import 语句有什么区别呢？

与 import 语句不同的是，使用 from…import 语句时，可以直接使用引入的函数或者类而不需要添加前缀"模块名."，import 后面的"*"表示引入模块中所有的内容，如果不使用"*"而使用具体的函数名或类名，就表示只引入某个函数或类。

因此，在"绘制五角星"的源代码中使用的虽然还是 turtle 模块中的函数，但都没有添加"模块名."。

如果在绘制完成后不希望显示画笔，可以使用 ht() 函数。

6.4.2 使用曲线绘制雪人

小智画了很多漂亮的图形，他发现之前的图形都是用直线画的。那么，"小海龟"会不会画曲线呢？当然可以。

turtle 模块中提供了 circle(radius,extent,step) 函数，该函数用于画曲线。其中，参数 radius 表示半径，当半径为正值时逆时针旋转，当半径为负值时顺时针旋转，参数 extent 表示度数，在绘制圆弧时使用，参数 step 表示边数，在绘制正多边形时使用。参数 extent 和 step 均为可选参数，默认值为 None。

例 使用 circle() 函数绘制雪人。

小智学会了使用 turtle 模块绘制圆形，于是决定画一个雪人试试。小智绘制的雪人有一个圆圆的脑袋和一具大大的身子，再配上圆圆的眼睛、弯弯的嘴巴和圆形纽扣，雪人就画好啦。

小智绘制雪人的源代码如下所示。

```python
import turtle
turtle.color('lightblue','black')
turtle.speed(10)
turtle.pensize(3)          # 设置画笔的粗细
# 绘制雪人的头
turtle.circle(75)
# 绘制雪人的两只眼睛
turtle.penup()             # 抬起画笔
```

```
turtle.goto(25, 100)          #设置位置
turtle.pendown()              #放下画笔
turtle.begin_fill()           #开始填充颜色
turtle.circle(5)              #绘制圆形眼睛
turtle.end_fill()             #停止填充颜色
turtle.penup()                #抬起画笔
turtle.goto(-25, 100)         #设置另一只眼睛的位置
turtle.pendown()              #放下画笔
turtle.begin_fill()           #开始填充颜色
turtle.circle(5)              #绘制圆形眼睛
turtle.end_fill()             #停止填充颜色
#绘制雪人的身体
turtle.penup()
turtle.goto(0, -200)
turtle.pendown()
turtle.circle(100)
#绘制雪人的三颗纽扣
for i in range(1,4):
    turtle.penup()
    turtle.goto(0, -50*i)
    turtle.pendown()
    turtle.circle(8)
#绘制雪人的嘴巴
turtle.penup()
turtle.goto(0, 25)
turtle.pendown()
turtle.circle(30,70)          #绘制70度圆弧
turtle.penup()
turtle.goto(0, 25)
turtle.pendown()
```

```
turtle.setheading(180)
turtle.circle(-30,70)    # 绘制 70 度圆弧
turtle.ht()              # 隐藏画笔
turtle.done()
```

运行代码，绘制结果如图 6-8 所示。

图 6-8　绘制雪人

编程闯关

小智使用 turtle 模块画过了长方形和圆形，现在小智想要尝试绘制一个等边三角形（三条边都相等的三角形，如图 6-9 所示），等边三角形的边是深蓝色的，三角形内部是浅蓝色的。你能帮小智

画出来吗？快来挑战一下吧。

　　参考代码如下所示。

```
import turtle
# 设置画笔颜色和填充颜色
turtle.color('darkblue','lightblue')
turtle.speed(10)
turtle.begin_fill()  # 开始填充
# 绘制三条边
for i in range(3):
    turtle.forward(200)
    turtle.left(120)
turtle.end_fill()  # 停止填充
turtle.ht()        # 隐藏画笔
turtle.done()      # 绘制结束
```

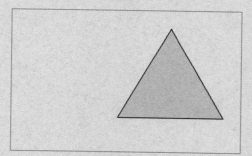

图 6-9　等边三角形

145

第 7 章

弹弹球游戏

使用编程语言设计一款属于自己的游戏，是一件很酷的事情！

想不想体验 Python 的游戏开发能力呢？在 Python 中进行游戏开发，就不得不使用 Pygame 模块，它是 Python 中进行游戏开发的首选模块。接下来，我们将使用 Pygame 模块开发一个完整的弹弹球游戏，你也可以使用 Pygame 实现自己的想法，开发出更多精彩的游戏。

7.1 认识并安装 Pygame

7.1.1 认识 Pygame

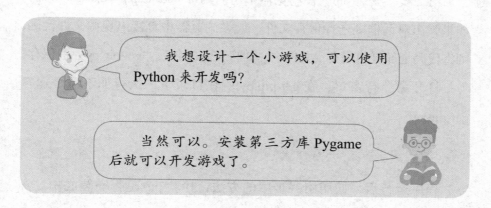

我想设计一个小游戏，可以使用 Python 来开发吗？

当然可以。安装第三方库 Pygame 后就可以开发游戏了。

　　Pygame 是 Python 的第三方库，支持跨平台，主要用于电子游戏的开发。Pygame 中包含图像和声音数据，建立在 Simple DirectMedia Layer(SDL) 基础之上，设计其的目的是在不被低阶语言（如汇编语言）束缚的同时实现实时电子游戏开发，因此使用 Pygame 进行游戏开发，可以使开发者只专注于游戏逻辑本身，从而提高开发效率。

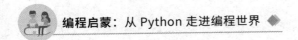

7.1.2 Pygame 的安装步骤

Pygame 是支持跨平台的库，因此在各种操作系统（Windows 操作系统、macOS 操作系统、Linux 操作系统）中均可安装。这里以 Windows 操作系统为例，Pygame 的安装步骤如下所示。

第一步，检查是否安装了 pip。打开命令行窗口，执行如下命令。

```
>python -m pip --version
```

执行命令后，如果输出的是版本和位置信息，则说明系统中已经安装了 pip，直接跳转到第三步。如果输出的是错误信息，则跳转到第二步。

第二步，安装 pip。在浏览器中访问网址 bootstrap.pypa.io/get-pip.py，如果弹出对话框则选择保存文件，如果浏览器中直接出现源文件代码，则将代码全部复制到文本文件中，并将文件命名为 "get-pip.py" 后保存。

打开命令行窗口，在 get-pip.py 所在目录下，执行如下命令运行 get-pip.py。

```
>python get-pip.py
```

程序运行后，使用第一步中的方法，检验 pip 是否安装成功。安装成功后执行第三步操作。

第三步，安装 Pygame。Pygame 的官方网址是 www.pygame.org，在官方网址中可以查看 Pygame 的使用方法以及各种相关文档。在 Windows 系统中安装 Pygame 很简单，只需在命令行窗口中执行如下命令即可。

```
>pip install pygame
```

执行命令，安装过程如图 7-1 所示。

```
Collecting pygame
    Downloading pygame-2.0.1-cp39-cp39-win_amd64.whl
        (5.2 MB)
| ■■■■■■■■■■■■■■■■■■■■■■■■■■■■■■■■■■■■
  ■■■■ | 5.2 MB 1.3 MB/s
Installing collected packages: pygame
Successfully installed pygame-2.0.1
```

图 7-1　Pygame 的安装过程

第四步，检测 Pygame 是否安装成功。在 IDLE 中输入如下命令。

```
>>> import pygame
pygame 2.0.1 (SDL 2.0.14, Python 3.9.6)
Hello from the pygame community. https://www.pygame.org/
    contribute.html
>>> pygame.ver
'2.0.1'
```

如上所示，如果输出 Pygame 的版本号和欢迎信息，则说明
Pygame 安装成功。

【编程贴士】

安装和卸载第三方库

使用 pip 命令可以很方便地安装和卸载第三方库，其安装和卸载语句分别如下所示。

```
pip install 库名
pip uninstall 库名
```

7.1.3 Pygame 包含的模块

想要开发一款精彩的游戏，声音、图像、文字、动画等都必不可少。Pygame 中包含多种模块，用于处理不同类型的信息。Pygame 中的常见模块和它们的用途如图 7-2 所示。

pygame.cursors	光标加载
pygame.draw	绘制形状、线和点等图形
pygame.event	事件管理
pygame.font	处理字体
pygame.image	处理图片
pygame.key	读取键盘按键
pygame.mouse	处理与鼠标相关的内容
pygame.movie	播放视频

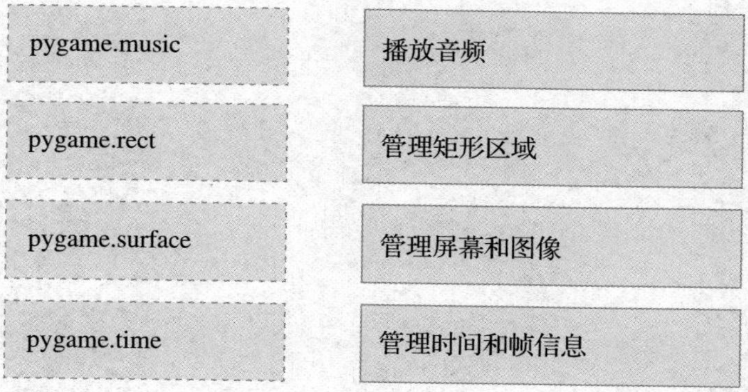

pygame.music		播放音频
pygame.rect		管理矩形区域
pygame.surface		管理屏幕和图像
pygame.time		管理时间和帧信息

图 7-2　Pygame 包含的常见模块

7.2　游戏介绍

弹弹球很有意思，它总是弹来弹去，而且弹得很高，我想用 Python 模拟弹弹球运动。

使用 Pygame 就可以实现。在编程之前，先想一想这个游戏的运行场景吧。

弹弹球的特点是弹力很大，遇到地面、墙壁或者天花板时会反弹回来。

Python 中的弹弹球游戏模拟的就是现实中的弹弹球的特性和活动方式。要设计弹弹球游戏，需要先设计一个窗口，窗口的四个边分别表示地面、墙壁和天花板，弹弹球碰到窗口的边框时会进行反弹。

7.3 游戏设计

7.3.1 Pygame 初始化

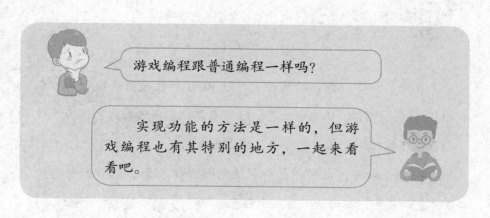

游戏编程跟普通编程一样吗?

实现功能的方法是一样的,但游戏编程也有其特别的地方,一起来看看吧。

在使用 Pygame 之前需要先使用 import 语句引入 Pygame 模块。

Pygame 在使用之前必须先进行初始化。通过初始化函数 pygame.init(),Pygame 会在系统中找到合适的屏幕、声音和控制设备。

同时,要为游戏设置程序运行窗口。游戏需要在单独的窗口中运行，这里我们设置窗口的宽和高分别为 800 像素和 600 像素。使用 pygame.display.set_mode(size) 方法可以对窗口进行显示。使用 screen. fill() 方法可以为窗口填充颜色。设置窗口的示例代码如下所示。

```
import pygame
import sys

pygame.init()                            # 初始化 pygame
width = 640                              # 设置窗口宽度
height = 480                             # 设置窗口高度
# 显示窗口
win_screen = pygame.display.set_mode((width, height))
bg_color = (0, 0, 0)                     # 设置背景颜色
win_screen.fill(bg_color)               # 填充颜色
```

【编程贴士】

RGB 颜色模型

在计算机中，颜色的展示是通过 RGB 颜色模型来实现的。在 RGB 颜色模型中，R 代表红色，G 代表绿色，B 代表蓝色，将三种颜色以不同比例叠加，就可以呈现出各种颜色。

在 Python 中，每种颜色的取值范围为 0 ~ 255，三种颜色都为 0 时表示黑色，都为 255 时表示白色。

7.3.2 监听窗口事件

运行"设置窗口"的示例代码，会弹出一个背景色为黑色的窗口，

但是窗口只是一闪而过，这是因为程序执行完毕后，窗口自动关闭了。如果希望窗口一直显示，就需要让程序一直运行。

如何让程序一直运行呢？这就需要用到 while 循环语句了。把 while 循环语句的条件设置为 True，程序会一直循环执行。

```
while True:
    pass #pass 语句为占位语句，无实际意义
```

将 while 语句加入程序后发现，窗口虽然不会自动关闭，但是点击窗口的关闭按钮毫无反应。

在程序执行过程中，计算机如何对用户的操作进行响应呢？例如，用户点击窗口的关闭按钮，计算机如何得知用户进行了此操作然后执行关闭窗口的命令呢？

在计算机环境中，事件是指可以被控件识别的操作，如单击窗口的关闭按钮会触发 pygame.QUIT 事件，按下键盘会触发 KEYDOWN 事件，等等。

在 Pygame 中使用 pygame.event.get() 可以得到自上次执行 get() 语句后发生的所有事件列表。迭代所有的事件，并进行相应的操作，即可让计算机对用户的行为作出直接反应。

回到"弹弹球游戏"设计中，在 while 循环中迭代所有事件，当事件类型为 pygame.QUIT 时，执行 pygame.quit() 和 sys.exit()，这样就可以正常关闭窗口了。

更改后的 while 语句如下所示。

```
while True:
    for event in pygame.event.get():  # 迭代所有事件
        # 如果单击关闭窗口，则退出
        if event.type == pygame.QUIT:
            pygame.quit()
            sys.exit()
```

如此，窗口就可以正常显示和退出了。

编程答疑

pass 语句有什么作用？

Python 中的 pass 语句是空语句，不做任何事情，一般用作占位符，用于保持程序结构的完整性。例如，在 while 语句和 if 语句中，如果循环体或者 if 语句块直接空闲，什么语句都不写会产生语法错误，而使用 pass 语句则可以使程序正常执行。

7.3.3 根据路径加载图片

★ 相对路径和绝对路径

在操作系统中，文件系统是以树状结构存储的，想要定位一个文件或者目录可以使用路径。例如，在 Windows 系统中，C 盘根目录下的 projects 文件夹可以表示为 C:\projects。

在 Python 中，文件的路径有两种表示方式：相对路径和绝对路径（见图 7-3 ）。

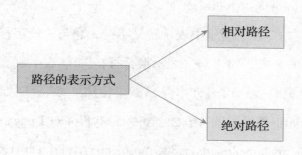

图 7-3　路径的表示方式

相对路径是指相对于当前工作目录的路径。什么是当前工作目录呢？当前工作目录是指当前文件（源程序文件）所在的目录。

绝对路径是指文件在操作系统中的实际路径。它与当前工作目录无关。

在 Python 中指定文件路径时，既可以使用绝对路径也可以使用相对路径。

★ 加载图片

在 Pygame 中可以使用 image 子模块中的 load() 函数来加载图片。其使用形式如下所示。

```
pygame.image.load(filename)
```

其中 filename 为字符串类型，表示文件路径既可以使用相对路径也可以使用绝对路径。

在 Windows 操作系统中，定位文件时，使用反斜杠"\"来作为分隔符，如 C:\projects\MyProject。

反斜杠"\"在字符串中表示转义字符，它与一些字符组合在一起会表示特殊的含义，如"\n"表示换行符，"\t"表示制表符等。如果在字符串中想要表示反斜杠本身，需要使用"\\"。例如，在 Python 中想要加载如下路径的图片：C:\projects\MyProject\1.png，代码需要写成如下格式：pygame.image.load('C:\\projects\\MyProject\\1.png')。

路径中所有的分隔符都需要使用"\\"，十分烦琐。Python 提供了更简便的方法：在字符串前添加前缀"r"。使用"r"前缀的字符串中的字符均被视为普通字符，反斜杠将不具有转义的作用，加载图片的代码可以简化成如下格式：pygame.image.load(r'C:\projects\MyProject\1.png')。

7.3.4　运动的弹弹球

★ 视觉暂留

在弹弹球游戏中，弹弹球一直处于运动状态，那么如何让弹弹球动起来呢？

人类的视觉具有"视觉暂留"特性，所谓"视觉暂留"是指人的眼睛看到一幅画面后，在 1/24 秒内不会消失。利用这一特性，将多幅画面以较快的速度依次呈现，就会让人的眼睛看到动态画面。

在计算机中显示动画就是利用了"视觉暂留"的原理。动画就是将一幅幅静态的图像不停地播放，如果 1 秒钟可以显示 24 张以上静态、连续的图像，则在人眼看来就好像是屏幕上的物体会动一样。

游戏里窗口中的弹弹球能动起来也是利用了这个原理。我们为小球设置新的位置，并对画面不断刷新，只要刷新的速度足够快，看到的小球就好像是运动着的。

★ 显示图片

在 Pygame 中，使用 Rect 对象来表示矩形区域。一个 Rect 对象具有以下几个常用属性：left、right、top、bottom、width、height，分别表示矩形区域的左部横坐标、右部横坐标、上部纵坐标、下部纵坐标、宽度和高度。

通过调用 pygame.display.set_mode() 函数可以得到游戏运行时的窗口，即一个 Surface 对象。通过 pygame.image.load('ball.png') 语句得到另一个 Surface 对象。什么是 Surface 对象呢？可以把 Surface 对象理解为一个平面，具体是指一个具有一定大小但没有坐标的矩形。

这两个 Surface 对象可以通过 blit() 函数进行绘制，让弹弹球显示到窗口中。调用 blit() 函数的语法格式如下所示。

```
pygame.Surface.blit(source,dest,area=None,special_flags=0)
```

其中，参数 source 表示想要显示的图片对应的 Surface 实例，dest 表示要显示的图片左上角对应的坐标位置，area 表示绘制的区域，表

示格式为 {x1，y1，x2，y2}，其中 (x1, y1) 表示左上角坐标，(x2, y2) 表示右下角坐标，special_flags 表示特殊标记。blit() 函数的返回值为一个 Rect 对象。

执行完 blit() 函数后表示弹弹球已经绘制到窗口中了，但它不会马上显示出来，如果想显示出最新的窗口，需要调用 pygame.display.flip() 函数或 pygame.display.update() 函数更新显示。

在窗口中显示弹弹球的源代码如下所示。

```
import pygame
import sys

pygame.init()                                       # 初始化 pygame
width = 640                                         # 设置窗口宽度
height = 480                                        # 设置窗口高度
# 显示窗口
win_screen = pygame.display.set_mode((width, height))
ball_image = pygame.image.load('ball.png') # 加载图片
ball_rect = ball_image.get_rect()
bg_color = (0, 0, 0)                                # 设置背景颜色
while True:                                         # 死循环确保窗口一
                                                    # 直显示

    for event in pygame.event.get():               # 遍历所有事件
        # 如果单击关闭窗口，则退出
        if event.type == pygame.QUIT:
            pygame.quit()                           # 退出 pygame
            sys.exit()
    win_screen.fill(bg_color)                       # 填充颜色
    win_screen.blit(ball_image, ball_rect)         # 将图片画到窗口上
    pygame.display.flip()                           # 更新全部显示
```

执行程序，结果如图 7-4 所示。

图 7-4 窗口中显示弹弹球

★ 遇到障碍物反弹

窗口中虽然显示了弹弹球，但是弹弹球并没有动，怎么让弹弹球动起来呢？

设置一个速度列表：speed=[5,5]，其中 speed[0] 表示 x 轴方向上的速度，speed[1] 表示 y 轴方向上的速度。

使用 Rect.move(speed) 函数得到一个新的矩形区域，如果新的矩形区域的 left 属性小于 0 或者 right 属性大于屏幕宽度，则说明弹弹球碰到了左右两侧的窗口，x 轴的速度取反。如果新的矩形区域的 top 属性小于 0 或者 bottom 属性大于高度，则说明弹弹球碰到了上下两侧的窗口，y 轴的速度取反。速度取反意味着弹弹球移动的方向发生改变。

遇到障碍物反弹的关键代码如下所示。

```
# 省略部分代码
speed = [5, 5]                              # 设置移动的X轴、Y轴
while True:                                 # 死循环确保窗口一直显示
    # 省略部分代码
    ball_rect = ball_rect.move(speed)    # 移动小球
    # 碰到左右边缘
    if ball_rect.left < 0 or ball_rect.right > width:
        speed[0] = -speed[0]
    # 碰到上下边缘
    if ball_rect.top < 0 or ball_rect.bottom > height:
        speed[1] = -speed[1]
    # 省略部分代码
```

运行代码，会发现窗口中好像有很多个小球在同时运动。这是因为程序运行速度过快导致的视觉现象。如何将小球的运动状态调整得慢一些呢？

★ 设置时钟

在动画中，将每秒显示的静态图像的张数称为帧数。帧率为帧数与时间的比，也就是说如果一个动画的帧率为 30 帧 / 秒，则表示这个动画一秒钟播放 30 帧图像。

pygame 的子模块——time 模块中的 Clock 具有 tick() 函数，该函数用于设置帧率，其语法格式如下所示。

```
pygame.time.Clock.tick(framerate)
```

　　其中，framerate 表示帧率，tick() 函数的返回值为整数类型，表示自上次运行 tick() 后经过的时间，单位为毫秒。在循环中使用 tick(framerate) 函数，游戏就不会占用计算机的所有 CPU 资源。但是，framerate 只能表示最大帧率，不一定是实际运行时的帧率，如果计算机性能差或者 while 循环中有其他消耗时间的操作，则实际帧率可能达不到 framerate 的值。

7.4 游戏实现

经过以上分析，我已经知道怎么编程来实现弹弹球游戏了。

那太好了，现在开始动手编程吧！

根据游戏的规则分析，游戏实现的具体代码如下所示。

```
import pygame
import sys


pygame.init()        # 初始化 pygame
width = 640          # 设置窗口宽度
height = 480         # 设置窗口高度
# 显示窗口
win_screen = pygame.display.set_mode((width, height))
```

```
ball_image = pygame.image.load('ball.png')   # 加载图片
ball_rect = ball_image.get_rect()            # 获取矩形区域
bg_color = (0, 0, 0)                          # 设置背景颜色
speed = [5, 5]                                # 设置移动的X轴、Y轴
clock = pygame.time.Clock()                  # 设置时钟
while True:                                   # 死循环确保窗口一
                                             # 直显示
    time = clock.tick(45)                    # 每秒执行 45 次
    for event in pygame.event.get():         # 遍历所有事件
        # 如果单击关闭窗口，则退出
        if event.type == pygame.QUIT:
            pygame.quit()                    # 退出 pygame
            sys.exit()
    ball_rect = ball_rect.move(speed)        # 移动小球
    # 碰到左右边缘
    if ball_rect.left < 0 or ball_rect.right > width:
        speed[0] = -speed[0]
    # 碰到上下边缘
    if ball_rect.top < 0 or ball_rect.bottom > height:
        speed[1] = -speed[1]
    win_screen.fill(bg_color)                # 填充颜色
    win_screen.blit(ball_image, ball_rect)   # 将图片画到窗口上
    pygame.display.flip()                     # 更新全部显示
```

编程闯关

　　现实中的弹弹球受到重力影响，向下运动时速度会越来越快，向上运动时速度会越来越慢，你能考虑重力的影响，模拟现实中弹弹球的运动轨迹吗？快来挑战一下吧。

参考代码如下所示。

```
import pygame
import sys
pygame.init()                                    # 初始化 pygame
size = width, height = 640, 480                   # 设置窗口大小
screen = pygame.display.set_mode(size)            # 显示窗口
pygame.display.set_caption(" 弹弹球 ")
FPS = 45                                          # 帧率
g = 9.8*10                                        # 重力加速度
ball = pygame.image.load('ball.png')              # 加载图片
ballrect = ball.get_rect()                        # 获取矩形区域
speed = [8, 8]                                    # 设置移动的X轴、Y轴
clock = pygame.time.Clock()                       # 设置时钟
is_run = True                                     # 值为 True 表示球
                                                  # 在运动，False 表
                                                  # 示球静止

while True:                                       # 死循环确保窗口一
                                                  # 直显示

    clock.tick(FPS)                               # 每秒执行 45 次
    for event in pygame.event.get():              # 遍历所有事件
        if event.type == pygame.QUIT:             # 触发退出事件
            pygame.quit()                         # 退出 pygame
            sys.exit()
    if speed[1]<0 and speed[1]+g/FPS>= 0 and
ballrect.bottom > height:                          # 当球已经移出下界
                                                  # 并无法弹起

        is_run = False                            # 设置球静止
    speed[1]+=g/FPS                               # 速度受到加速度影响
    ballrect = ballrect.move(speed)               # 移动小球
    if ballrect.left < 0 or ballrect.right > width:
```

171

```
            speed[0] = -speed[0]              # 球碰到左右边框改
                                              # 变方向
        if ballrect.top < 0:
            speed[1] = abs(speed[1])
        if ballrect.bottom > height:
            speed[1] = -1 * abs(speed[1])
    if is_run:
        color = (0, 0, 0)                 # 设置背景颜色
        screen.fill(color)                # 填充颜色
        screen.blit(ball, ballrect)      # 将图片画到窗口上
        pygame.display.flip()             # 更新全部显示
```

第 8 章

贪吃蛇游戏

贪吃蛇游戏是一款十分受欢迎的小游戏。游戏的主角是一条"贪吃"的小蛇，小蛇吃到的食物越多，游戏得分就越高。

　　如何使用 Python 实现贪吃蛇游戏呢？小蛇和食物如何绘制到窗口中呢？一起来探索 Pygame 模块的更多功能和用法吧。

8.1 游戏介绍

我最近玩了一个有趣的游戏——贪吃蛇游戏，Python 能实现贪吃蛇游戏吗？

使用 Pygame 模块就可以实现贪吃蛇游戏。在编程之前，先想一想这个游戏的运行场景吧。

贪吃蛇游戏是一款经典益智游戏。贪吃蛇游戏的界面十分简单，在屏幕中有一条"贪吃"的小蛇和它喜欢的食物。玩家可以使用键盘上的方向键控制小蛇头部的运动方向，从而让小蛇"吃"到食物，小蛇每"吃"一次食物，它的身体就会变长一分。

玩贪吃蛇游戏时，需要控制小蛇在游戏窗口中运动，如果小蛇的身体碰到窗口，游戏结束。

8.2 游戏设计

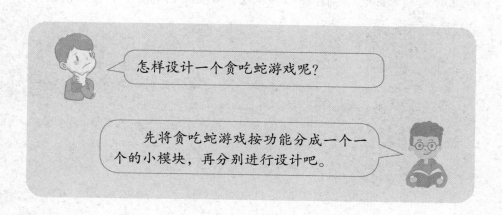

怎样设计一个贪吃蛇游戏呢?

先将贪吃蛇游戏按功能分成一个一个的小模块,再分别进行设计吧。

8.2.1 游戏初始化

★ 引入模块

在开始编程之前需要引入 pygame 模块和其他必需的模块,在贪吃蛇游戏中,除了要引入 pygame 和 sys 模块,还需要引入 random 模块,

random 模块用于随机生成食物的位置。同时，为了方便编程，还需要引入 pygame 的子模块 locals，该模块包含 pygame 使用的所有常量，引入模块代码如下所示。

```
import pygame, sys, random
from pygame.locals import *
```

★ 窗口初始化

窗口也需要进行一系列的初始化，如使用 pygame.init() 函数对 pygame 进行初始化，创建窗口显示层，设置窗口名称等。窗口初始化的代码如下所示。

```
pygame.init()                                    # 初始化 pygame
# 创建 pygame 显示层，创建一个 640 ( 宽 ) *480 ( 高 ) 大小的界面
screen = pygame.display.set_mode((640, 480))
pygame.display.set_caption(' 贪吃蛇游戏 ')        # 设置窗口名称
# 定义一个时钟变量来控制帧率
clock = pygame.time.Clock()
```

★ 初始化变量

在贪吃蛇游戏中，我们设置窗口背景色为黑色，食物颜色为白色，小蛇颜色为红色。

食物使用 20*20（单位为像素，本章中长度和坐标的单位均为像素，后续将不再具体说明）大小的白色方块表示，小蛇使用多个 20*20 大小的红色方块表示。

　　窗口左上角对应的坐标位置为 (0, 0)，设置贪吃蛇的初始坐标位置为 (100, 100)。

　　贪吃蛇的身体使用一个列表来表示，在初始状态下，贪吃蛇的身体由三个小方块组成，身体成一条直线，列表中保存三个小方块左上角的坐标，分别为 (100, 100)、(80, 100)、(60, 100)。

　　食物坐标也使用列表表示，设置食物的初始坐标位置为 (300, 300)。

　　初始化变量的代码如下所示。

```
# 定义红色颜色变量，用于表示小蛇的颜色
red_color = pygame.Color(255, 0, 0)
# 定义黑色颜色变量，表示窗口背景颜色
black_color = pygame.Color(0, 0, 0)
# 定义白色颜色变量，用于表示食物颜色
white_color = pygame.Color(255, 255, 255)
# 贪吃蛇初始坐标位置（先以 100,100 为基准）
snake_position = [100, 100]
# 初始化贪吃蛇的长度，列表中有几个元素就代表有几段身体
snake_body = [[100, 100], [80, 100], [60, 100]]
# 初始化食物的位置
food_position = [300, 300]
# 判断是否吃掉了这个目标方块：1 是没有吃，0 是吃掉
food_flag = 1
# 初始化方向为向右
direction = 'right'
# 定义一个按键方向，默认向右
key_direction = direction
```

嵌套列表

在 Python 中，列表的元素也可以是列表，如此形成嵌套列表。在对贪吃蛇长度初始化的代码中，为变量 snake_body 赋值时采用的就是嵌套列表。在嵌套列表中如何访问子列表中的元素呢？使用双重索引就可以访问子列表中的元素了，如访问 snake_body 第一个子列表中的第一个元素可以使用如下形式：snake_body[0][0]。

8.2.2 监听窗口事件

为了使窗口不一闪而过，在贪吃蛇游戏中依然需要使用 while 循环，循环条件为 True，保证游戏一直进行。

在 while 循环中，我们使用 for 循环来迭代所有的事件。这里需要针对关闭窗体和左移、右移、上移、下移以及 Esc 按键事件进行处理（见图 8-1）。

定义 game_over() 函数，当检测到关闭窗体事件发生时，直接执行 game_over() 函数。game_over() 函数的代码如下所示。

```
# 定义游戏结束的函数
def game_over():
    pygame.quit()
    sys.exit()
```

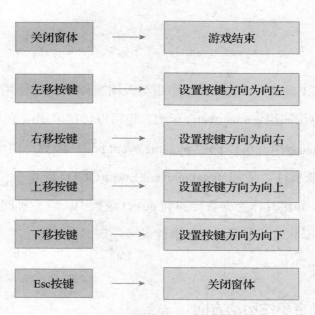

图 8-1　事件对应的处理操作

for 循环迭代所有事件的代码如下所示。

```
for event in pygame.event.get():     # 从队列中获取事件
    if event.type == QUIT:
        game_over()
    # 按键按下时，会触发 KEYDOWN 事件
    elif event.type == KEYDOWN:
        if event.key == K_RIGHT:
            key_direction = 'right'
        if event.key == K_LEFT:
            key_direction = 'left'
        if event.key == K_UP:
            key_direction = 'up'
        if event.key == K_DOWN:
            key_direction = 'down'
        # K_ESCAPE 对应键盘上的 Esc 键
```

```
if event.key == K_ESCAPE:
    pygame.event.post(pygame.event.Event (QUIT))
```

由图 8-1 可知，Esc 按键的作用与关闭窗体按钮的作用是一样的，我们可以直接调用 game_over() 函数，也可以尝试采用以下方法。

在 Pygame 中，可以调用 pygame.event.post() 函数，向事件队列中增加一个新事件，使用 pygame.event.Event(QUIT) 新增一个关闭窗口事件对象，并将其作为参数传递到 post() 函数中，当下次调用 pygame.event.get() 函数时，即可执行该事件。

8.2.3　确定小蛇运动方向

在初始化变量过程中，定义了表示小蛇运动方向的变量 direction 以及表示按键方向的变量 key_direction。在贪吃蛇游戏中，小蛇一共有 4 个运动方向，分别为向左、向右、向上和向下，小蛇运动过程中，不能直接向相反方向运动。例如，小蛇向右运动过程中，可以改为向上或向下，或者继续保持向右运动，但是不能直接改为向左运动，其他方向的运动亦同理。基于此，当按下方向按键后，小蛇的方向需要重新设置，设置方法如图 8-2 所示。

图 8-2　按下方向按键后设置 direction 的方向

8.2.4　设置小蛇身体的位置

小蛇身体的坐标位置使用列表类型的变量 snake_body 来存储。小蛇下一步的身体坐标位置将根据运动方向发生变化。

如何确定小蛇下一步的身体坐标位置呢？仍以小蛇向右运动为例，小蛇的身体包含三个方块，当小蛇向下、向右和向上运动时，下一运动状态的小蛇分别如图 8-3 中的（1）、（2）和（3）所示，其中，斜线方框部分表示新增的头部，虚线方框部分表示删除的尾部，每次更新小蛇的身体坐标都使用新增头部、删除尾部的方式来操作，这样操作比更新全部的身体坐标更加方便快捷。

8.2.5　小蛇吃到食物

当小蛇下一状态的头部与食物位置重合时，表示小蛇吃到了食物，小蛇的身体将增长，此时无须删除尾部，如图 8-4 所示，其中，白色方框表示食物的位置。

183

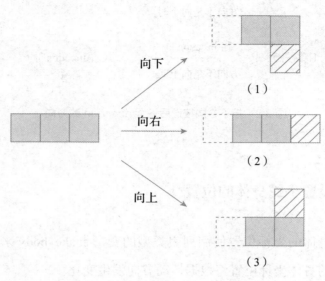

图 8-3　小蛇下一步的状态

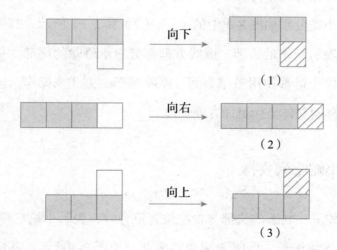

图 8-4　小蛇吃到食物后的状态

8.2.6　重新生成食物

当食物被小蛇吃掉后，需要重新生成食物坐标，食物坐标怎么确定呢？在初始化过程中，设置的窗体宽度为 640 像素，高度为 480 像素，食物的宽度和高度均为 20 像素。因此，以 20 像素为间隔，设置食物的起始坐标，为了使食物的位置具有随机性，使用随机数模块 random 中的 randrange() 函数随机生成食物的 x 坐标和 y 坐标，具体代码如下所示。

```
x = random.randrange(0, 640,20)
y = random.randrange(0, 480,20)
food_position = [x, y]
```

8.2.7　在窗口中绘制小蛇和食物

小蛇和食物的形状都是矩形的，使用 Pygame 库中的 draw 子模块提供的 rect() 函数可以直接绘制矩形，其语法格式如下所示。

```
pygame.draw.rect(surface, color, rect)
```

其中，surface 是指绘制的平面，color 指颜色，rect 指绘制的矩形区域，返回值为 Rect 对象。

使用 rect() 函数绘制小蛇时，需要根据小蛇身体的坐标列表一个一个地绘制小方块，最终形成小蛇的身体。具体代码如下所示。

```
for position in snake_body:
    # 绘制小蛇的身体
    pygame.draw.rect(screen, red_color, Rect(position[0],
        position[1], 20, 20))
```

绘制食物以及更新位置的代码如下所示。

```
# 绘制食物
pygame.draw.rect(screen, white_color, Rect(food_position[0],
    food_position[1], 20, 20))
# 更新位置到屏幕上
pygame.display.flip()
clock.tick(2)     # 控制帧率
```

8.2.8 游戏结束

当小蛇的头部越过窗口时，游戏结束。将小蛇头部的坐标与窗口的坐标进行比较，从而判断小蛇头部是否越过了窗口。具体代码如下所示。

```
# x坐标越界
if snake_position[0] > 620 or snake_position[0] < 0:
    game_over()
# y坐标越界
elif snake_position[1] > 460 or snake_position[1] < 0:
    game_over()
```

编程答疑

游戏开发的通用步骤是什么呢?

首先,在开发游戏过程中,主函数中需要设置无限循环以保证窗体能一直存在;其次,在循环中须监听事件,对事件进行相应处理,使用时钟设置帧率,控制游戏速度;最后考虑游戏本身的功能逻辑。

8.3 游戏实现

经过以上分析，我已经知道怎么通过编程来实现贪吃蛇游戏了。

那太好了，现在开始动手编程吧！

通过对游戏的功能模块进行分析可知，游戏实现的具体代码如下。

```python
import pygame, sys, random
# 这个模块包含 pygame 所使用的所有常量
from pygame.locals import *

# 定义红色颜色变量，用于表示小蛇的颜色
red_color = pygame.Color(255, 0, 0)
# 定义黑色颜色变量，表示窗口背景颜色
```

```
black_color = pygame.Color(0, 0, 0)
# 定义白色颜色变量，用于表示食物颜色
white_color = pygame.Color(255, 255, 255)


# 定义游戏结束的函数
def game_over():
    pygame.quit()
    sys.exit()
def main():
    pygame.init()                           # 初始化 pygame
    # 创建 pygame 显示层，创建一个 640（宽）*480（高）大小的界面
    screen = pygame.display.set_mode((640, 480))
    pygame.display.set_caption('贪吃蛇游戏')  # 设置窗口名称
    # 定义一个时钟变量来控制帧率
    clock = pygame.time.Clock()
    # 初始化变量
    # 贪吃蛇初始坐标位置    （先以 100,100 为基准）
    snake_position = [100, 100]
    # 贪吃蛇的长度列表中有几个元素就代表有几段身体
    snake_body = [[100, 100], [80, 100], [60, 100]]
    # 初始化食物的位置
    food_position = [300, 300]
    # 判断是否吃掉了这个目标方块：1 是没有吃，0 是吃掉
    food_flag = 1
    # 初始化方向为向右
    direction = 'right'
    # 定义一个按键方向，默认为向右
    key_direction = direction
```

以下 while 语句也属于 main() 函数。

```
while True:
    for event in pygame.event.get():# 从队列中获取事件
```

```
        if event.type == QUIT:
            game_over()
        # 按键按下时，会触发 KEYDOWN 事件
        elif event.type == KEYDOWN:
            if event.key == K_RIGHT:
                key_direction = 'right'
            if event.key == K_LEFT:
                key_direction = 'left'
            if event.key == K_UP:
                key_direction = 'up'
            if event.key == K_DOWN:
                key_direction = 'down'
            # 对应键盘上的 Esc 文件
            if event.key == K_ESCAPE:
                pygame.event.post(pygame.event.Event(QUIT))
```

以下代码仍属于 while 语句，但不属于 while 语句中的 for 循环语句。

```
# 以下代码仍在 while True 语句中
# 确定方向
if key_direction == 'left' and not direction == 'right':
    direction = key_direction
if key_direction == 'right' and not direction == 'left':
    direction = key_direction
if key_direction == 'up' and not direction == 'down':
    direction = key_direction
if key_direction == 'down' and not direction == 'up':
    direction = key_direction
# 根据方向移动蛇头
if direction == 'right':
    snake_position[0] += 20
```

```
if direction == 'left':
    snake_position[0] -= 20
if direction == 'up':
    snake_position[1] -= 20
if direction == 'down':
    snake_position[1] += 20
# 增加蛇的长度
snake_body.insert(0, list(snake_position))
# 如果贪吃蛇和目标方块的位置重合
if snake_position[0] == food_position[0] and
    snake_position[1] ==food_position[1]:
    food_flag = 0
else:
    snake_body.pop()
# 食物方块被吃掉，重新生成食物坐标
if food_flag == 0:
    x = random.randrange(0, 640, 20)
    y = random.randrange(0, 480, 20)
    food_position = [x, y]
    food_flag = 1
# 填充背景颜色
screen.fill(black_color)
for position in snake_body:
    # 绘制小蛇的身体
    pygame.draw.rect(screen, red_color, Rect(position[0],
        position[1], 20, 20))
# 绘制食物
pygame.draw.rect(screen, white_color, Rect(food_position
    [0], food_position[1], 20, 20))
# 更新显示到屏幕表面
pygame.display.flip()
# 判断是否游戏结束
# x 坐标越界
```

```
    if snake_position[0] > 620 or snake_position[0] < 0:
        game_over()
    #  y 坐标越界
    elif snake_position[1] > 460 or snake_position[1] < 0:
        game_over()
    #  设置帧率
    clock.tick(2)
```

最后，运行主函数的代码如下所示。

```
#  启动入口函数
if __name__ == '__main__':
    main()
```

编程闯关

贪吃蛇游戏很好玩，我们所设计的贪吃蛇游戏结束后不显示分数，如果想要统计玩家得分应该如何使用代码实现呢？开动脑筋想一想吧。

部分参考代码如下所示。

```
def draw_text(content):
    pygame.font.init()  # 初始化字体
    # 创建字体，其中第一个参数为字体文件路径
    font = pygame.font.Font("simsun.ttc", 50)
    # 绘制文本
    text_sf = font.render(content, True, white_color,
        black_color)
```

```
        return text_sf
def show_score(screen, score):
    #is_on 为 True 表示游戏正在进行, False 表示游戏结束
    global is_on
    is_on = False
    # 填充背景色
    screen.fill(black_color)
    # 绘制文字
    screen.blit(draw_text(" 得分为: " + str(score)), (190, 190))
    # 显示屏幕更新内容
    pygame.display.flip()
```

在 main() 函数中的 while 循环中添加如下代码。

```
if not is_on:
    show_score(screen, score)
    continue
```

得分变量 score 初始值为 0，每吃到一次食物，score+=100。若希望游戏结束时显示得分，需将 while 循环中判断游戏结束后执行的代码由原来的结束游戏代码改为显示得分代码，具体代码如下。

```
# 判断游戏是否结束
if snakePosition[0] > 620 or snakePosition[0] < 0:
    show_score(screen, score)
elif snakePosition[1] > 460 or snakePosition[1] < 0:
    show_score(screen, score)
```

游戏结束后显示得分效果如图 8-5 所示。

得分为：500

图 8-5　显示得分

第9章

掌握数据分析，更懂编程逻辑

日常生活中数据无处不在，如事物的大小、环境的温度、距离的长短、时间等，都需要使用数据来表示，数据能够帮助我们更好地描绘和理解现实世界，而虚拟世界中同样也存在着各种各样的数据。

　　认识数据、处理数据，有助于我们建立数据思维，更懂编程逻辑。那么，如何对数据进行分析和处理，如何使用 Python 来操作数据呢？带着这些问题一起来探索数据的奥秘吧。

9.1 认识数据和数据分析

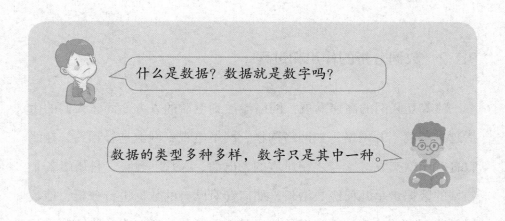

什么是数据？数据就是数字吗？

数据的类型多种多样，数字只是其中一种。

9.1.1 无处不在的数据

数据有很多种形式，数字和文字是数据，在电脑里看的视频、听的歌曲也是数据，它们分别是视频数据和音频数据。不仅如此，使用手机拍的照片也是数据，它是图像数据。

数据是用于记录客观事物的性质、状态及相互关系的符号的组合，

编程启蒙：从 Python 走进编程世界 ◆

数据的形式多种多样（见图 9-1），广泛存在于我们的日常生活中。

图 9-1　数据的形式

9.1.2　数据分析的作用和过程

随着互联网的高速发展，网络渗透到生活的方方面面，人们的生活越来越离不开网络，如网络购物、网络电视、网上挂号预约、在线教育、网络交友等。与之相对应的，电商、医疗、教育、科研等各个领域的数据量呈几何级数增长，如何针对已有的数据进行分析，使数据创造更大的价值，这些都是数据分析需要关注和解决的问题，也是数据分析的主要作用。

进行数据分析首先需要对数据进行读写，其次对数据进行处理计算，再次对数据分析并建模，最后将数据进行可视化呈现，分析数据的过程如图 9-2 所示。

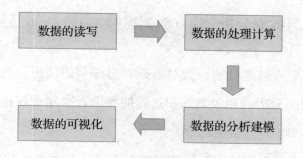

图 9-2　数据分析过程

Python 与数据分析又有什么关联呢？数据分析是处理大数据的重要一环，进行数据分析使用的工具大多数出自 Python。Python 开源、简单易用、跨平台、易扩展等特点使越来越多的人喜欢上了它。Python 有很多用于数据科学的第三方库，如 pandas、Matplotlib、NumPy、SciPy 等，这些第三方库是进行数据分析的得力工具。

【编程贴士】

pandas 与 Matplotlib

pandas 与 Matplotlib 都是进行数据分析时最常用的第三方库。其中，pandas 可用于读取 Excel 表格等的数据，使用 pandas 读取数据的代码十分简单，只需两三行代码就可获取 Excel 表格中的全部数据。

Matplotlib 库主要用于绘图，其可以根据数据绘制成各种数据图，如柱状图、点阵图等。

9.1.3 学习数据分析，建立数据思维

青少年学习数据分析，能对数据有更深刻的认识，对数据更加敏感。了解数据分析的相关概念和过程能帮助青少年更好地了解前沿技术并帮助青少年建立数据思维。

形成良好的数据思维能帮助青少年提高认知能力，提高决策能力，让青少年通过表象看到事物本质。

9.2 Python 数据分析初体验

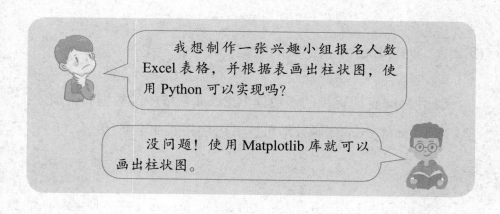

我想制作一张兴趣小组报名人数Excel 表格，并根据表画出柱状图，使用 Python 可以实现吗？

没问题！使用 Matplotlib 库就可以画出柱状图。

9.2.1 安装第三方库

小智想要使用 Python 处理 Excel 表格中的数据。都需要使用哪些库呢？

读取 Excel 表格中的数据需要使用 pandas 库，根据数据画图需要使用 Matplotlib 库。在使用两个库之前，需要先进行安装，这里需要注意的是，pandas 库依赖于 xlrd 库，因此也需要安装 xlrd 库。使用 pip 安装这几个库的命令如下所示（具体安装方法可参照 7.1.2 中 pygame 库的安装）。

```
pip install pandas
pip install xlrd
pip install matplotlib
```

pandas、xlrd 和 Matplotlib 库的官方网址分别为 pandas.pydata.org，pypi.org/project/xlrd 和 matplotlib.org，在官方网站可以查看各个库的说明文档。

9.2.2　读取 Excel 表格中的数据

使用 pandas 库提供的函数读取 Excel 表格中的数据非常简单。使用 read_excel() 函数即可，其语法格式如下所示。

```
read_excel(io,sheet_name=0,header=0,names=None,…)
```

参数 io 是字符串类型，表示文件路径，pandas 支持各种格式的文件，如 xls、xlsx、xlsm、xlsb、odf、ods、odt，等等。

参数 sheet_name 表示工作簿，可以为字符串、整型、列表等各种类型，默认值为 0。sheet_name 为字符串时表示工作簿的名称，为整型时表示工作簿的索引，为列表时表示多个工作簿，为 None 时，表示所有工作表。

参数 header 为整型或整型列表，表示表头在文件中行号的索引，默认值为 0，即选择第一行的值作为表头。若数据不含表头，则设置 header 为 None。

参数 names 为列表类型，用于指定想要读取的数据的列名。

read_excel() 函数还包含很多其他参数，这里只列出了最常用的几个，关于其他参数可以查阅官方文档。

read_excel() 函数可将从 Excel 中读取的数据放入 pandas 定义的 DataFrame 中。

编程答疑

如何查看某个函数的全部用法？

由于篇幅原因，书中列出的一些函数中的参数和用法可能并不全，只是介绍了最常用的功能。如果想了解一个函数最全最完整的用法，可以下载或者在线使用官方文档。

例如，想要了解 pandas.read_excel() 函数的最全用法，可以使用浏览器访问 pandas.pydata.org 地址，点击菜单 Documentation，在新页面下载或者在线查看文档，使用搜索功能找到 read_excel() 函数，就可以查看其具体用法了。

9.2.3　利用数据绘制柱状图

matplotlib.pyplot 库提供的 bar() 函数可以将数据绘制成柱状图，其语法格式如下所示。

```
matplotlib.pyplot.bar(x, height, width=0.8, align='center',
    **kwargs)
```

参数 x 表示 x 轴的位置序列，可以使用 arange() 函数生成序列或者由数据源来提供，表示柱状图的说明。

参数 height 表示 y 轴的数值序列，用于表示柱状图的高度。

参数 width 表示柱状图中柱形的宽度，默认值为 0.8。

参数 align 表示对齐方式，默认居中。

参数 kwargs 表示关键字参数。

例 使用 read_excel() 函数读取 Excel 表格中的数据，并使用 bar() 函数根据数据绘制柱状图。

小智统计了班级里的同学报名兴趣小组的情况，并制作了 Excel 表格，其数据内容见表 9-1。

表 9-1 各个兴趣小组的报名人数

兴趣小组	报名人数	兴趣小组	报名人数
思维	10	足球	8
诗词	8	羽毛球	7
英文	6	音乐	10
舞蹈	9	剪纸	4
美术	12		

小智利用 Python 根据数据生成了柱状图，具体代码如下所示。

```
import pandas as pd
from matplotlib import pyplot
# 显示中文标签
```

```
pyplot.rcParams['font.sans-serif'] = ['SimHei']
pyplot.rcParams['axes.unicode_minus'] = False

def draw_bar(x1, y1, title):
    # x1 作为 X 轴的数据，y1 作为 Y 轴的数据
    pyplot.bar(x1, y1, alpha=0.9, width=0.35)
    pyplot.title(title)                      # 定义柱状图的名称
    pyplot.show()                            # 显示柱状图

def main():
    # 读取 Book1.xlsx 的数据
    data = pd.read_excel('Book1.xlsx')
    x1 = data['兴趣小组'].values              # 读取 " 兴趣小组 " 列
    y1 = data['报名人数'].values              # 读取 " 报名人数 " 列
    draw_bar(x1, y1, "兴趣小组报名人数柱状图")

if __name__ == '__main__':
    main()
```

运行代码，输出结果如图 9-3 所示。

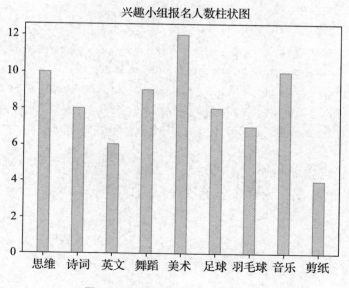

图 9-3 兴趣小组报名人数柱状图

编程闯关

小智绘制的柱状图是垂直分布的，如何绘制水平分布的柱状图呢？试一试将垂直分布的柱状图改为水平分布的吧。

部分参考代码如下所示。

```
def draw_bar2(x1, y1, title):
    arr_len = len(x1)
    # 绘制水平柱状图
    pyplot.bar(x=0, bottom=range(arr_len), height=0.3,
        width=y1, orientation="horizontal")
    # 设置 y 轴记号
    pyplot.yticks(range(arr_len), x1)
    # 加 title, 展示图像
    pyplot.title(title)
    pyplot.show()
def main():
    data = pd.read_excel('Book1.xlsx')
    x1 = data[' 兴趣小组 '].values  # 读取"兴趣小组"列
    y1 = data[' 报名人数 '].values  # 读取"报名人数"列
    draw_bar2(x1, y1, "兴趣小组报名人数柱状图")
```

运行结果如图 9-4 所示。

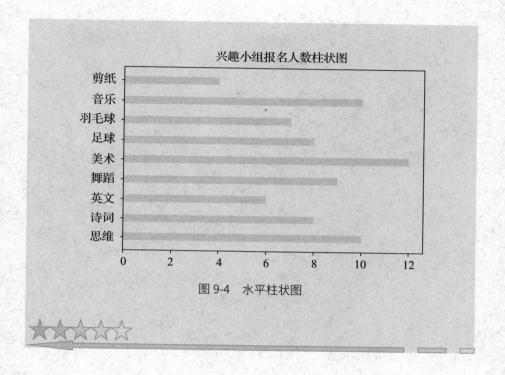

图 9-4　水平柱状图

参考文献 REFERENCE

[1] 艾德丽安·B. 塔克. Python 青少年趣味编程 [M]. 伍俊舟，译. 北京：电子工业出版社，2020.

[2] 冯林，姚远，刘胜蓝. Python 程序设计与实现 [M]. 北京：高等教育出版社，2015.

[3] 克雷格·斯蒂尔. DK 编程真好玩：9 岁开始学 Python[M]. 余宙华，译. 北京：中国水利水电出版社，2020.

[4] 李辉，刘洋. Python 程序设计：编程基础、Web 开发及数据分析 [M]. 北京：机械工业出版社，2020.

[5] 李辉. Python 程序设计基础案例教程 [M]. 北京：清华大学出版社，2020.

[6] 李召. Python 数据分析案例实战 [M]. 北京：人民邮电出版社，2019.

[7] 刘宇宙，刘艳. Python 3.7 从零开始学 [M]. 北京：清华大学出版社，2018.

[8] 明日科技. Python 从入门到精通 [M]. 北京：清华大学出版社，2018.

[9] 明日科技. 零基础学 Python[M]. 长春：吉林大学出版社，2018.

[10] 嵩天，礼欣，黄天羽. Python 语言程序设计基础（第 2 版）[M]. 北京：高等教育出版社，2017.

[11] 童晶，童雨涵. Python 游戏趣味编程 [M]. 北京：人民邮电出版社，2020.

[12] 王春艳. Python 轻松学 [M]. 北京：清华大学出版社，2019.

[13]　夏敏捷，程传鹏，韩新超，等 . Python 程序设计 [M]. 北京：清华大学
　　　出版社，2019.

[14]　夏敏捷，尚展垒 . Python 游戏设计案例实战 [M]. 北京：人民邮电出版
　　　社，2019.

[15]　夏敏捷，张西广 . Python 程序设计应用教程 [M]. 北京：中国铁道出版
　　　社，2018.

[16]　叶明全 . Python 程序设计 [M]. 北京：科学出版社，2019.

[17]　叶维忠 . Python 编程从入门到精通 [M]. 北京：人民邮电出版社，2018.

[18]　云尚科技 . Python 入门很轻松 [M]. 北京：清华大学出版社，2020.

[19]　张学建 . Python 学习笔记 [M]. 北京：中国铁道出版社，2019.

[20]　张彦 . Python 青少年趣味编程 [M]. 北京：中国水利水电出版社，2020.

[21]　郑秋生，夏敏捷，宋宝卫 . Python 项目案例开发从入门到实战：爬虫、
　　　游戏和机器学习（微课版）[M]. 北京：清华大学出版社，2019.

[22]　朱慧，刘鹏，刘思成 . 小天才学 Python 教学指导 [M]. 北京：清华大学
　　　出版社，2019.

[23]　Python 3. 8. 11 documentation[EB/OL].[2021-06-29].https://docs. python.
　　　org/3. 8/index. html.

[24]　用 python 打印爱心（程序猿的浪漫）[EB/OL].[2018-05-17].https://blog.
　　　csdn. net/su_bao/article/details/80355001.

[25]　Python 之 turtle 海龟绘图篇 [EB/OL].[2019-10-17].https://blog. csdn. net/
　　　suoyue_py/article/details/102458661.

[26]　视觉暂留 [EB/OL].[2020-05-22].https://wiki. mbalib. com/wiki/%E8%A7%
　　　86%E8%A7%89%E6%9A%82%E7%95%99.

[27]　Python 游戏编程（Pygame）[EB/OL].[2018-10-05].https://blog. csdn. net/
　　　zha6476003/article/details/82940350/.

[28]　RGB 三原色模式 [EB/OL].[2021-01-27].https://baike. baidu. com/item/RG
　　　B%E4%B8%89%E5%8E%9F%E8%89%B2%E6%A8%A1%E5%BC%8F/8
　　　102771?fr=aladdin.

[29]　贪吃蛇 [EB/OL].[2021-04-06].https://baike. baidu. com/item/%E8%B4%AA
　　　%E5%90%83%E8%9B%87/9510203?fr=aladdin.

[30]　一步步教你怎么用 Python 写贪吃蛇游戏 [EB/OL].[2019-06-28].https://blog. csdn. net/weixin_42232219/article/details/94081720.

[31]　数据 [EB/OL].[2021-07-24]. https://baike. baidu. com/item/%E6%95%B0%E6%8D%AE/5947370?fr=aladdin.

[32]　如何用 python 进行数据分析 [EB/OL].[2021-03-25].https://www. py. cn/jishu/jichu/13184. html.

[33]　Pandas 库 read_excel() 参数详解 [EB/OL].[2018-10-16].https://www. jianshu. com/p/d1eed-925509b.

[34]　python 读取 excel 数据并且画图的实现示例 [EB/OL].[2021-02-08].https://www. jb51. net/article/205662. htm.

[35]　数据思维的好处，怎样建立数据思维 [EB/OL].[2019-10-17].http://www. 360doc. com/content/19/1017/06/66782752_867350672. shtml.

[36]　python 读取 excel 数据并且画图 [EB/OL].[2021-02-08].https://www. cnblogs. com/huzhen-gyu/p/14387544. html.

[37]　matplotlib. pyplot. bar[EB/OL].[2021-08-13].https://matplotlib. org/stable/api/_as_gen/matplotlib. pyplot. bar. html.